F.J. Brockmann

Lehrbuch der Ebenen und sphärischen Trigonometrie

Verone

F.J. Brockmann

Lehrbuch der Ebenen und sphärischen Trigonometrie

1st Edition | ISBN: 978-9-92500-034-0

Place of Publication: Nikosia, Cyprus

Erscheinungsjahr: 2015

TP Verone Publishing House Ltd.

Nachdruck des Originals von 1869.

F.J. Brockmann

Lehrbuch der Ebenen und sphärischen Trigonometrie

Verone

LEHRBUCH

DER

EBENEN UND SPHÄRISCHEN

TRIGONOMETRIE.

FÜR GYMNASIEN UND REALSCHULEN BEARBEITET

VON

F. J. BROCKMANN,

ORD. LEHRER DER MATHEMATIK UND PHYSIK AM KÖNIGL. GYMNASIUM ZU CLEVE.

VORREDE.

Die vorliegende „Trigonometrie für Gymnasien und Realschulen“ soll in streng wissenschaftlicher Durchführung ein dem Bedürfnisse dieser Schulen entsprechendes Lehrbuch sein; es soll die Mitte halten zwischen den erschöpfenden Handbüchern und den allzu sehr auf tabellarische Aphorismen reducirten Leitfäden.

In der steten Darlegung des innern, organischen Zusammenhanges der Lehren der Trigonometrie habe ich wenigstens das ernstliche Streben nach streng wissenschaftlichem Vortrage gezeigt.

Das Bedürfniss der Schulen, für welche zunächst ein Werk bestimmt ist, bezeichnet dem Verfasser den Umfang der vorzutragenden Lehren. Der hiernach gewonnene Standpunkt eines Verfassers ist aber ein durchaus individueller, weshalb wir gewohnt sind, in den betreffenden Vorreden Worte der Begründung und Rechtfertigung zu lesen. Ich habe in dieser Beziehung folgende Bemerkungen zu machen.

Dass die Reihenentwicklungen der goniometrischen Functionen und ihre Umkehrungen, der Zusammenhang der goniometrischen Functionen mit den Potenzialreihen $e^{\pm x}$ und $e^{\pm xi}$ u. s. w. keine Berücksichtigung gefunden haben, wird wohl allgemein Billigung finden. Weniger allgemein möchte es gebilligt werden, dass in einem zunächst für Schulen bestimmten Lehrbuche die sphärische Trigonometrie und die Anwendung der goniometrischen Functionen auf Algebra und Geometrie Aufnahme gefunden haben. Nach meiner Ansicht indess sollte die sphärische Trigonometrie, als eine durchaus der Elementar-Mathematik angehörende Disciplin, selbst vom Gymnasialunterricht nicht ausgeschlossen sein, zumal manche Thatsachen der mathematischen Geographie und der Elementar-Astronomie, deren Kenntniss man mit Recht von einem Schüler der obersten Klasse fordert, erst dadurch Eigenthum des Lernenden werden, dass sie durch die Behandlung einschlagender Aufgaben, zu deren Lösung die sphärische Trigonometrie unerlässlich ist, wiederholt vor die Seele geführt und eingeprägt werden.

Die Anwendung der goniometrischen Functionen auf Algebra und Geometrie ist in einem besonderen Capitel behandelt, um, wenn Zeit und sonstige Verhältnisse es gestatten, dem Schüler einen annähernden Begriff von der Bedeutung jener Functionen für die Analysis überhaupt zu geben; ihm Gelegenheit zu bieten, die Lehren der Goniometrie auch anders, als zur Berechnung von Dreiecken, zu verwerthen. Ich habe im Unterricht stets gefunden, dass gerade diese Anwendungen den Schüler in hohem Masse fesseln.

Wenn man die eben angedeuteten, hier ausgeschlossenen Reihenentwicklungen u. s. w., welche mit den goniometrischen Functionen in engster Beziehung stehen, in die algebraische Analysis verweist, wie es mit Fug und Recht geschehen kann, so möchte ich annehmen, mit vorliegendem Werkchen auch dem Bedürfnisse polytechnischer Schulen entsprochen zu haben. —

Ich darf es dem Lehrer, der sich etwa dieses Büchleins beim Unterrichte bedienen sollte, getrost überlassen, je nach lokalen und sonstigen Verhältnissen entscheidend und auswählend über das in demselben vorhandene Material zu disponiren. Dass der ganze Abschnitt *D*: „Auflösung der Vierecke und Polygone“ (§ 57 bis § 66), ausgelassen werden kann, ohne dass dadurch der innere Zusammenhang gefährdet würde, wird jedem Lehrer einleuchtend sein; andererseits wird derselbe mit mir jeden Paragraphen des ersten Capitels (§ 1 bis § 33), sowie die Zusätze und Anmerkungen zu denselben für ganz unerlässlich halten. Dieser Gedanke war leitend, als ich mich nach Vollendung des Büchleins entschloss, die sämmtlichen in demselben entwickelten Formeln der Goniometrie im ersten Anhange vor den Auflösungsformeln der Dreiecke in übersichtlicher Anordnung zusammenzustellen. Zur Einübung und Befestigung dieser Formeln habe ich in einem zweiten Anhange einige Sätze ohne Beweise aufgestellt, die von dem Schüler mit Hülfe der goniometrischen Formeln des ersten Capitels bewiesen werden sollen. —

Ein Werk, welches mir bei der Abfassung dieser kleinen Schrift wesentliche Dienste geleistet hätte, habe ich nicht besonders hervorzuheben. Denn das in demselben vorhandene Material ist allmählich im Unterricht und durch den Unterricht selbst gesammelt; die Anordnung aber ist durchaus selbstständig, insofern sie es überhaupt in einer Arbeit sein kann, in der nur früher Gelerntes wieder gelehrt wird. Dass ich hin und wieder in vorhandenen Werken Formeln und ihre Entwicklungen nachgeschlagen und verglichen habe, halte ich für so selbstverständlich, dass mir eine besondere Bemerkung darüber überflüssig zu sein scheint.

Sachliche Bemerkungen, Vorschläge und Winke von Seiten meiner Fachgenossen werde ich stets mit Dank annehmen; ich bitte darum mit dem Versprechen, dieselben thunlichst zu benutzen.

In der letzten Correctur der Druckbogen bin ich von Herrn Dr. Rebender, Lehrer an der hiesigen Ackerbauschule, und dem Herrn Fr. Neesen von hier bereitwilligst und wesentlich unterstützt, so dass ich denselben zu grossem Danke verpflichtet bin. Störende Druckfehler finden sich nicht vor; einige Ungenauigkeiten wird der Leser nachsichtig selbst corrigiren*). —

Ich übergebe das Werkchen dem Urtheile meiner Fachgenossen mit dem Bewusstsein, alle Sorgfalt und Mühe aufgeboten zu haben, um der Schule ein fruchtbringendes Lehrbuch zu bieten.

Cleve, am 14. September 1869.

Der Verfasser.

*) Auf pag. 49 bitte ich in Zeile 10 von unten hinzuzufügen: es sollen die übrigen Stücke des Vierecks bestimmt werden; ferner pag. 123 Zeile 7 von unten statt $\sqrt{\pm m}$ zu lesen: $\sqrt[n]{\pm m}$.

INHALTSVERZEICHNISS.

Allgemeine Einleitung: Begriff und Eintheilung der Trigonometrie.

Die Trigonometrie ist derjenige Theil der mathematischen Wissenschaften, welcher lehrt, wie man aus einer hinreichenden Anzahl gegebener Stücke eines Dreiecks die nicht gegebenen, abhängigen Stücke desselben durch Rechnung findet.

Die Elementar-Mathematik behandelt zwei Arten von Dreiecken, das ebene und das sphärische Dreieck; daher zerfällt die Elementar-Trigonometrie in die beiden Theile der ebenen und der sphärischen Trigonometrie. Der erste Theil schliesst sich an die Planimetrie, der andere an die Stereometrie an.

Da ferner ebene und sphärische Polygone durch Ziehung von Diagonalen in lauter Dreiecke zerlegt oder als aus solchen zusammengesetzt betrachtet werden können, da also die Berechnung dieser Figuren auf die Berechnung jener einfachsten Figur, des Dreiecks, zurückgeführt werden kann, so umfasst die Trigonometrie im weiteren Sinne die Berechnung aller Arten von ebenen und sphärischen Polygonen. Die Namen Tetragonometrie, Polygonometrie bezeichnen demnach nur besondere Capitel der Trigonometrie im weiteren Sinne.

Ebene Trigonometrie.

Einleitung.

Die Congruenzsätze der Dreiecke weisen die Abhängigkeit der verschiedenen Stücke eines Dreiecks von einander nach, dass durch drei gegebene, von einander unabhängige Stücke die übrigen bestimmt sind. Der Congruenzsatz: „Zwei Dreiecke sind congruent, wenn sie übereinstimmen in der Länge zweier Seiten und der Grösse des von diesen Seiten eingeschlossenen Winkels" bedeutet, dass aus den genannten Stücken nur ein einziges Dreieck construirt werden kann; dass also diese Stücke die dritte Seite und die beiden andern Winkel nach ihrer Grösse und Lage in Beziehung auf einander bestimmen. Ein Gleiches lässt sich über die übrigen Congruenzfälle sagen. Die geometrische Constructionslehre zeigt uns nun die Wege, aus je drei gegebenen unabhängigen Stücken eines Dreiecks auch dann die fehlenden durch Construction zu bestimmen, wenn die gegebenen Dreiecksstücke nicht allein Seiten und Winkel desselben sind, sondern auch, wenn sonstige an demselben vorkommende Linien, als seine Höhen, Mittellinien, Winkelhalbirer, die Radien der zugehörigen Kreise u. s. w. oder der Inhalt, oder endlich jede andere Bestimmung, welche die Gestalt und Grösse des Dreiecks bedingt, zu den gegebenen Stücken gehören. Die Combination von je drei unabhängigen Stücken eines Dreiecks liefert demnach eine überaus grosse Anzahl von Constructionsaufgaben, deren Lösung jedoch im Allgemeinen nur durch Reduction auf die vier Congruenzfälle, welche hiernach die Cardinalfälle heissen mögen, erreicht wird.

Was die Construction nur mit einer innerhalb gewisser Grenzen liegenden Genauigkeit, welche von den angewandten Instrumenten und der mechanischen Geschicklichkeit und der Sorgfalt des Construirenden abhängt, bestimmen kann, das würde man mit einem beliebigen Grade der Genauigkeit durch Rechnung bestimmen können, wenn man ein Mittel hätte, Seiten (überhaupt Linien) eines Dreiecks und die Winkel desselben mit einander in Rechnung zu bringen.

Die Anwendung der Arithmetik auf Geometrie ist etwas häufig Vorkommendes, wenn es sich blos um Linien und deren mathemathische Verbindungen, als Summen, Differenzen, Producte u. s. w. handelt. Um ein Beispiel anzuführen, wird bei der Inhaltsbestimmung eines Rechtecks nicht die Grundlinie mit der Höhe desselben multiplicirt, sondern man multiplicirt diejenigen beiden Zahlen mit einander, welche erhalten werden, wenn man Grundlinie und Höhe des Rechteckes beide mit einer als Einheit angenommenen geraden Linie vergleicht, d. h. diejenigen Zahlen, welche angeben, wie oft die Längeneinheit in den genannten Linien enthalten ist. In der wirklichen Rechnung werden also schon dort die Linien durch Zahlen ausgedrückt. Es bleibt also für die Möglichkeit, Seiten oder Linien eines Dreiecks und ihre Verbindungen an demselben mit den Winkeln desselben in Rechnung zu bringen, nur noch die Aufgabe übrig, auch die Winkel durch Zahlen auszudrücken. Diese eigenthümliche Art der Winkelbestimmung lehrt die der eigentlichen Trigonometrie vorangehende Goniometrie.

I. Capitel. Goniometrie.

A. Begriff der goniometrischen Funktionen für spitze Winkel und Beziehungen der Funktionen desselben Winkels unter einander.

§ 1. Fällt man von zwei beliebigen Punkten D und D' des Schenkels AC des spitzen Winkels α die Lothe DE und $D'E'$ auf den andern Schenkel AB, so ist wegen der Aehnlichkeit der Dreiecke ADE und $AD'E'$ das Verhältniss je zweier Seiten des Dreiecks ADE dem Verhältnisse der entsprechenden Seiten des Dreiecks $AD'E'$ gleich; es ist also

Fig. 1.

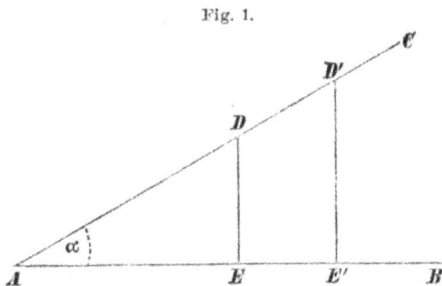

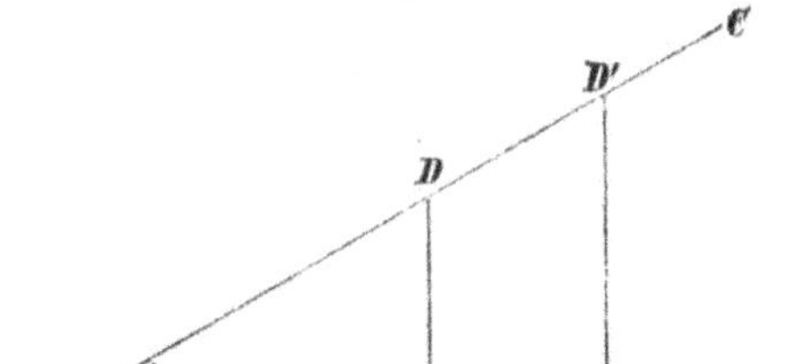

1) $\frac{DE}{AD} = \frac{D'E'}{AD'}$, 2) $\frac{AE}{AD} = \frac{AE'}{AD'}$, 3) $\frac{DE}{AE} = \frac{D'E'}{AE'}$,

4) $\frac{AD}{DE} = \frac{AD'}{D'E'}$, 5) $\frac{AD}{AE} = \frac{AD'}{AE'}$, 6) $\frac{AE}{DE} = \frac{AE'}{D'E'}$.

Diese 6 Verhältnisse sind hiernach für einen und denselben spitzen Winkel constant, hängen also nur von der Grösse desselben ab, d. h. sie sind Funktionen desselben. Da nun die Grösse des Winkels die Grösse dieser Verhältnisse bedingt, so lässt sich umgekehrt aus der gegebenen Grösse dieser Verhältnisse auf die Grösse des zugehörigen Winkels schliessen. Die Verhältnisse sind aber als Quotienten von Linien absolute Zahlen. Werden daher diese Verhältnisse statt der in Graden, Minuten und Sekunden oder in aliquoten Theilen eines rechten Winkels angegebenen Winkel, in die Rechnung eingeführt, so ist die Ungleichartigkeit der Linien und Winkel dadurch aufgehoben, dass beide in Zahlen ausgedrückt sind.

§ 2. Die 6 Verhältnisse führen als Winkelfunktionen den Namen „goniometrische Funktionen"; einzeln führen sie in der oben angeführten Reihenfolge der Verhältnisse die Namen: Sinus, Cosinus, Tangente, Cosekante, Sekante, Cotangente des Winkels α, wofür man die in folgenden Gleichungen gebrauchten Bezeichnungen gewählt hat:

$$\frac{DE}{AD} = \sin\alpha, \quad \frac{AE}{AD} = \cos\alpha, \quad \frac{DE}{AE} = \operatorname{tang}\alpha \ (= \operatorname{tg}\alpha),$$

$$\frac{AD}{DE} = \operatorname{cosc}\alpha, \quad \frac{AD}{AE} = \sec\alpha, \quad \frac{AE}{DE} = \operatorname{cotg}\alpha \ (= \operatorname{ctg}\alpha).$$

Hiernach ergeben sich für die Begriffe dieser Funktionen folgende Definitionen:

Gehört ein spitzer Winkel α einem rechtwinkligen Dreiecke an, was immer möglich ist, so ist

1) der Sinus dieses Winkels der Quotient der Division der dem Winkel gegenüberliegenden Kathete durch die Hypotenuse;

2) der Cosinus der Quotient der Division der dem Winkel anliegenden Kathete durch die Hypotenuse;

3) die Tangente der Quotient der Division der dem Winkel gegenüberliegenden Kathete durch die demselben anliegende;

4) die Cosekante der Quotient der Division der Hypotenuse durch die dem Winkel gegenüberliegende Kathete;

5) die **Sekante** der Quotient der Division der Hypotenuse durch die dem Winkel anliegende Kathete;

6) die **Cotangente** der Quotient der Division der dem Winkel anliegenden Kathete durch die demselben gegenüberliegende.

§ 3. Aus der Vergleichung vorstehender Definitionen ergibt sich leicht, dass die Cosekante, Sekante und Cotangente der Reihe nach erhalten werden, wenn man blos die Verhältnisse, welche Sinus, Cosinus und Tangente bedeuten, reciprocirt. Es ist also die Richtigkeit folgender Beziehungen unmittelbar einleuchtend:

$$\operatorname{cosec} \alpha = \frac{1}{\sin \alpha} \quad \text{oder } \sin \alpha \,.\, \operatorname{cosec} \alpha = 1;$$

$$\sec \alpha = \frac{1}{\cos \alpha} \quad \text{oder } \cos \alpha \,.\, \sec \alpha = 1;$$

$$\operatorname{cotg} \alpha = \frac{1}{\operatorname{tg} \alpha} \quad \text{oder } \operatorname{tg} \alpha \,.\, \operatorname{cotg} \alpha = 1.$$

§ 4. Bezeichnet man in dem bei B rechtwinkligen Dreiecke ABC den ∢ A mit α, ∢ C mit γ, die Hypotenuse mit h und die Katheten BC und AB mit a und c, so ist jede der beiden Katheten in Bezug auf einen der beiden spitzen Winkel α und γ gegenüberliegend, in Bezug auf den andern anliegend. So ist a in Bezug auf ∢ α gegenüberliegend, in Bezug auf ∢ γ dagegen anliegend. Wollte man daher die goniometrischen Funktionen des Winkels γ ausdrücken, so würde man finden, dass

Fig. 2.

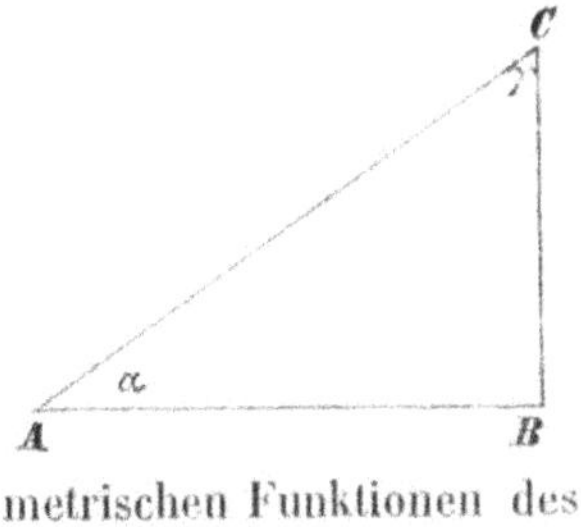

$$\sin \gamma = \cos \alpha, \quad \cos \gamma = \sin \alpha, \quad \operatorname{tg} \gamma = \operatorname{cotg} \alpha$$

$$\operatorname{cotg} \gamma = \operatorname{tg} \alpha, \quad \sec \gamma = \operatorname{cosec} \alpha, \quad \operatorname{cosec} \gamma = \sec \alpha \text{ ist;}$$

d. h. **Sinus, Tangente und Sekante eines spitzen Winkels sind zugleich Cosinus, Cotangente und Cosekante des Complementes dieses Winkels.**[1])

1) Von α ausgehend kann man für $\sin \gamma$ den Sinus des Complementes von α setzen, also etwa complementi sinus, woraus die Bezeichnung cosinus entstanden ist; ebenso verhält es sich mit den Namen cotg. und cosec. Ueber die Namen sinus, tangens und sec. vergleiche

Es ist daher überhaupt, wenn α einen spitzen Winkel bezeichnet,

$$\sin\alpha = \cos(R - \alpha),\ \cos\alpha = \sin(R - \alpha);$$
$$\operatorname{tg}\alpha = \operatorname{cotg}(R - \alpha),\ \operatorname{cotg}\alpha = \operatorname{tg}(R - \alpha),$$
$$\sec\alpha = \operatorname{cosc}(R - \alpha) \text{ und } \operatorname{cosec}\alpha = \sec(R - \alpha).$$

Desgleichen ist:

$$\sin(45^0 \pm \alpha) = \cos(45^0 \mp \alpha);\ \operatorname{tg}(45^0 \pm \alpha) = \operatorname{cotg}(45^0 \mp \alpha),$$
$$\sec(45^0 \pm \alpha) = \operatorname{cosc}(45^0 \mp \alpha), \text{ sowie:}$$
$$\sin 45^0 = \cos 45^0,\ \operatorname{tg} 45^0 = \operatorname{cotg} 45^0,\ \sec 45^0 = \operatorname{cosc} 45^0.$$

§ 5. Das Verhältniss, welches Tangente heisst, wird auch erhalten, wenn man das Verhältniss, welches mit Sinus bezeichnet wird, durch jenes dividirt, welches Cosinus genannt wird; die umgekehrte Division giebt das Verhältniss, welches wir mit Cosekante bezeichnet haben. Es ist hiernach also:

$$\operatorname{tg}\alpha = \frac{\sin\alpha}{\cos\alpha},\ \operatorname{cotg}\alpha = \frac{\cos\alpha}{\sin\alpha},$$

$$\text{oder } \operatorname{tg}\alpha.\cos\alpha = \sin\alpha,\ \operatorname{cotg}\alpha.\sin\alpha = \cos\alpha.$$

§ 6. An Figur 2 ist $a^2 + c^2 = h^2$. Dividirt man die 3 Glieder dieser Gleichung der Reihe nach durch h^2, c^2 und a^2, so erhält man folgende neue Gleichungen:

$$1)\ \frac{a^2}{h^2} + \frac{c^2}{h^2} = 1, \text{ d. h. } \sin\alpha^2 + \cos\alpha^2 = 1;$$

$$2)\ \frac{a^2}{c^2} + 1 = \frac{h^2}{c^2}, \text{ d. h. } \operatorname{tg}\alpha^2 + 1 = \sec\alpha^2 = \frac{1}{\cos\alpha^2};$$

$$3)\ 1 + \frac{c^2}{a^2} = \frac{h^2}{a^2}, \text{ d. h. } 1 + \operatorname{cotg}\alpha^2 = \operatorname{cosc}\alpha^2 = \frac{1}{\sin\alpha^2}\ ^{1)}.$$

In Worte übersetzt heissen diese 3 Formeln:

1) Das Quadrat des Sinus nebst dem Quadrate des Cosinus eines spitzen Winkels ist gleich 1.

---

§ 10, Zusatz 2. Die Funktionen Cosinus, Cotangente und Cosekante führen sehr gebräuchlich den Namen Co-Funktionen.

1) Es braucht wohl kaum bemerkt zu werden, dass der Exponent 2 in diesen Formeln nicht etwa zu α, sondern zu der jedesmaligen Funktion gehört. Strenge genommen, sollte man schreiben $(\sin\alpha)^2$ etc. Da aber kein Missverständniss zu befürchten ist, bezeichnet man einfach $\sin\alpha^2$. Eine oft beliebte Bezeichnung $\sin^2\alpha$ ist widersinnig und also zu verwerfen.

2) Das Quadrat der Tangente eines spitzen Winkels vermehrt um 1 ist dem Quadrate der Sekante oder des reciproken Cosinus dieses Winkels gleich;

3) Das Quadrat der Cotangente eines spitzen Winkels vermehrt um 1 ist dem Quadrate der Cosekante oder des reciproken Sinus dieses Winkels gleich.

1. Zusatz. Weil, wenn α und β spitze Winkel sind,

$\sin\alpha^2 + \cos\alpha^2 = \sin\beta^2 + \cos\beta^2$ ist, so ist auch

$$1)\ \sin\alpha^2 - \sin\beta^2 = \cos\beta^2 - \cos\alpha^2.$$

Setzt man nun auf beiden Seiten statt der Differenz der Quadrate des Produkt aus Summe und Differenz der Wurzeln, so folgt nach einfacher Division

$$2)\ \frac{\sin\alpha + \sin\beta}{\cos\alpha + \cos\beta} = \frac{\cos\beta - \cos\alpha}{\sin\alpha - \sin\beta}.$$

2. Zusatz. Durch die letzten Paragraphen ist man im Stande, die wirklichen Werthe der Funktionen des Winkels von 45^0 zu bestimmen. Weil nämlich $\sin\alpha^2 + \cos\alpha^2 = 1$ und $\sin 45^0 = \cos 45^0$, so ist $2(\sin 45^0)^2 = 2(\cos 45^0)^2 = 1$, demnach $\sin 45^0 = \cos 45^0 = \sqrt{\tfrac{1}{2}} = \tfrac{1}{2}\sqrt{2}$; ferner

$$\operatorname{tg} 45^0 = \operatorname{cotg} 45^0 = 1,\ \sec 45^0 = \operatorname{cosec} 45^0 = \sqrt{2}.$$

§ 7. Die in den beiden vorhergehenden Paragraphen aufgestellten Relationen zwischen den Funktionen desselben spitzen Winkels dienen zur Lösung der Aufgabe: Wenn eine der goniometrischen Funktionen eines spitzen Winkels gegeben ist, die übrigen durch Rechnung zu finden.

Die Resultate sind in folgender Tabelle zusammengestellt, in welcher die in derselben Horizontalreihe stehenden Ausdrücke einander gleich sind. Sie heisst:

$\sin\alpha$	$\sqrt{1-\cos\alpha^2}$	$\frac{\operatorname{tg}\alpha}{\sqrt{1+\operatorname{tg}\alpha^2}}$	$\frac{1}{\sqrt{1+\operatorname{cotg}\alpha^2}}$	$\frac{\sqrt{\sec\alpha^2-1}}{\sec\alpha}$	$\frac{1}{\operatorname{cosec}\alpha}$
$\sqrt{1-\sin\alpha^2}$	$\cos\alpha$	$\frac{1}{\sqrt{1+\operatorname{tg}\alpha^2}}$	$\frac{\operatorname{cotg}\alpha}{\sqrt{1+\operatorname{cotg}\alpha^2}}$	$\frac{1}{\sec\alpha}$	$\frac{\sqrt{\operatorname{cosec}\alpha^2-1}}{\operatorname{cosec}\alpha}$
$\frac{\sin\alpha}{\sqrt{1-\sin\alpha^2}}$	$\frac{\sqrt{1-\cos\alpha^2}}{\cos\alpha}$	$\operatorname{tg}\alpha$	$\frac{1}{\operatorname{cotg}\alpha}$	$\sqrt{\sec\alpha^2-1}$	$\frac{1}{\sqrt{\operatorname{cosec}\alpha^2-1}}$
$\frac{\sqrt{1-\sin\alpha^2}}{\sin\alpha}$	$\frac{\cos\alpha}{\sqrt{1-\cos\alpha^2}}$	$\frac{1}{\operatorname{tg}\alpha}$	$\operatorname{cotg}\alpha$	$\frac{1}{\sqrt{\sec\alpha^2-1}}$	$\sqrt{\operatorname{cosec}\alpha^2-1}$
$\frac{1}{\sqrt{1-\sin\alpha^2}}$	$\frac{1}{\cos\alpha}$	$\sqrt{1+\operatorname{tg}\alpha^2}$	$\frac{\sqrt{1+\operatorname{cotg}\alpha^2}}{\operatorname{cotg}\alpha}$	$\sec\alpha$	$\frac{\operatorname{cosec}\alpha}{\sqrt{\operatorname{cosec}\alpha^2-1}}$
$\frac{1}{\sin\alpha}$	$\frac{1}{\sqrt{1-\cos\alpha^2}}$	$\frac{\sqrt{1+\operatorname{tg}\alpha^2}}{\operatorname{tg}\alpha}$	$\sqrt{1+\operatorname{cotg}\alpha^2}$	$\frac{\sec\alpha}{\sqrt{\sec\alpha^2-1}}$	$\operatorname{cosec}\alpha.$

Anwendung. Wenn $\sin\alpha = \frac{24}{25}$, $\cos\beta = \frac{20}{29}$, $\operatorname{tg}\gamma = 2$, $\operatorname{cotg}\delta = 3\frac{3}{7}$, $\sec\varepsilon = \frac{5}{3}$, $\operatorname{cosec}\mu = \frac{65}{56}$ ist, wie gross sind dann die übrigen Funktionen dieser Winkel?

§ 8. Da die Katheten eines rechtwinkligen Dreiecks einzeln stets kleiner sind als die Hypotenuse, sonst aber unbeschränkt alle Werthe annehmen können, die nur kleiner sind als jene, so folgt unmittelbar aus den in § 2 gegebenen Definitionen:

Für alle spitzen Winkel sind

1) Sinus und Cosinus stets kleiner als 1, also ächte Brüche;

2) Tangente und Cotangente sind in ihren Werthen unbeschränkt;

3) Sekante und Cosekante sind stets grösser als 1, übrigens unbeschränkt.

§ 9. Weil ferner bei unveränderter Hypotenuse mit dem Wachsen eines spitzen Winkels im rechtwinkligen Dreiecke die gegenüberliegende Kathete wächst, die anliegende abnimmt, so folgt auch:

1) Die Funktionen Sinus, Tangente und Sekante **wachsen**, wenn der spitze Winkel wächst.

2) Die Funktionen Cosinus, Cotangente und Cosekante **nehmen ab**, wenn der spitze Winkel wächst. (Die Cofunktionen eines spitzen Winkels nehmen beim Wachsen des Winkels ab und umgekehrt.)

§ 10. Die goniometrischen Funktionen können leicht als Linien in Beziehung auf eine gemeinschaftliche Längeneinheit graphisch dargestellt werden, wenn man nämlich, von einem Verhältnisse ausgehend, den Divisor desselben als Längeneinheit ansieht. Man geht hierbei am besten vom Sinus aus und setzt die Hypotenuse des rechtwinkligen Dreiecks, in welchem der betreffende spitze Winkel liegt, = 1. Da nun in den übrigen Verhältnissen auch die dem Winkel gegenüberliegende und anliegende Kathete als Divisoren vorkommen, so sind zur graphischen Darstellung der goniometrischen Funktionen ausser dem rechtwinkligen Dreiecke, in welchem die Hypotenuse = 1 gesetzt wird, noch zwei andere rechtwinklige Dreiecke mit demselben spitzen Winkel erforderlich, von denen das eine die dem Winkel gegenüberliegende, das andere die anliegende Kathete gleich der Hypotenuse des ersten rechtwinkligen Dreiecks hat. Sind diese Dreiecke construirt, so sind die Dividenden der die goniometrischen Funktionen darstellenden Verhältnisse, welche nun sämmtlich eine Linie = 1 zum Divisor haben, die graphisch dargestellten goniometrischen Funktionen. Ist Fig. 3 $\sphericalangle CAB = \alpha$ der spitze Winkel, dessen Funktionen dargestellt werden sollen, und $\triangle ACD$ das rechtwinklige Dreieck mit diesem spitzen Winkel, in welchem die Hypotenuse $AC = 1$ gesetzt wird, so erhält man die beiden andern Dreiecke auf folgende beide Weisen. Man beschreibe um A mit AC als Radius den Quadranten GB, ziehe AG, ferner $CD \perp AB$, in B und G die Tangenten BE und GH bis zum Durchschnitt mit der verlängerten AC in E und H, oder man ziehe in C die Tangente MN bis zum Durchschnitte mit den verlängerten Radien AG und AB, so sind ΔAEB und ΔACN, sowie ΔAGH und ΔACM zwei Paare rechtwinkliger Dreiecke mit dem spitzen Winkel α, von denen jenes Paar die dem Winkel anliegende, dieses die demselben gegenüberliegende Kathete gleich der Hypotenuse AC des ΔACD hat. Es ist alsdann, wenn man $AC = 1$ setzt und noch zur Vermittlung $CF \perp AG$ zieht:

Fig. 3.

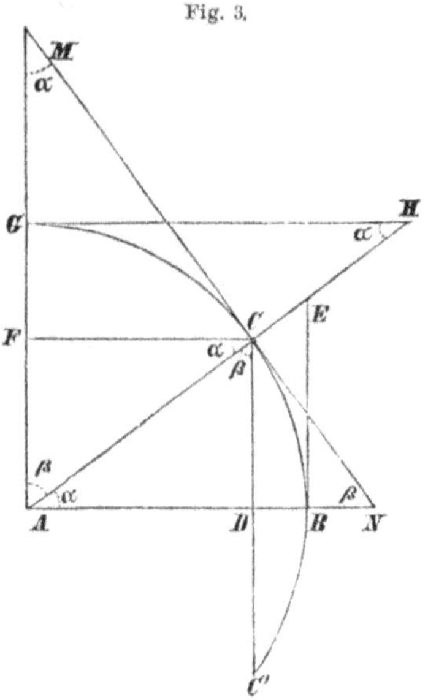

$$\sin\alpha = CD = AF = \cos\beta;\quad \cos\alpha = AD = CF = \sin\beta;$$
$$\operatorname{tg}\alpha = BE = CN = \operatorname{cotg}\beta;\quad \operatorname{cotg}\alpha = GH = CM = \operatorname{tg}\beta;$$
$$\sec\alpha = AE = AN = \operatorname{cosec}\beta;\ \operatorname{cosec}\alpha = AH = AM = \sec\beta.$$

1. Zusatz. Aus dieser so gewonnenen graphischen Darstellung ist zunächst die Beziehung der Funktionen der Complementwinkel (§ 4) mit Leichtigkeit abzuleiten; ebenso leicht ergeben sich hieraus die in den §§ 3, 5 und 6 aufgestellten Relationen.

2. Zusatz. Ferner erkennt man aus der Anschauung, dass die Namen „Tangente“, „Sekante“, und wegen der Beziehung der Funktionen der Complementwinkel auch die Namen „Cotangente“ und „Cosekante“ der Natur der diese Funktionen graphisch darstellenden Linien entnommen sind. Der hiernach noch zu erklärende Name „Sinus“ ist wahrscheinlich eine irrige Uebersetzung des für diese Funktion vom arabischen Astronomen Albategnius im 9. Jahrhundert eingeführten Namens *„dschaib“*. Unwahrscheinlich und mehr eine Spielerei zu nennen ist die Ableitung des Namens sinus aus *„s. in.“*, einer Abkürzung für *„semissis*

inscriptae“ (Hälfte der Sehne). Wird nämlich (Fig. 3) CD bis zum Durchschnitt C' mit dem verlängerten Bogen CB verlängert, so ist freilich CD eine halbe Sehne, die aber nicht zum Centriwinkel α, sondern zum Centriwinkel 2α gehört.

B. Erweiterung des Begriffs der goniometrischen Funktionen für nicht spitze und negative Winkel; Reduction derselben auf Funktionen spitzer und positiver Winkel. Cosinus und Sinus als Projectionsfactoren.

§ 11. In einem Systeme zweier sich rechtwinklig durchschneidenden Linien (Axensystem) haben die Strecken OA und OA', sowie OB und OB' eine entgegengesetzte Lage auf der betreffenden Linie (Axe) in Bezug auf die Lage des Punktes O. Wenn man daher OA und OB als in ursprünglichen, normalen Lagen positive Längen nennt, so wird man consequent OA' und OB' negative Längen nennen müssen. Denn nähert sich der Punkt A immer mehr dem Punkte O, so wird die von O aus gerechnete Strecke OA stets kleiner und endlich zu Null, wenn A in O fällt; fällt A nun noch über O hinaus auf die entgegengesetzt gerichtete Hälfte der Axe OX, so wird man die durch weiteres Fortrücken des Punktes A entstehenden Strecken offenbar negative Längen nennen müssen.

Fig. 4.

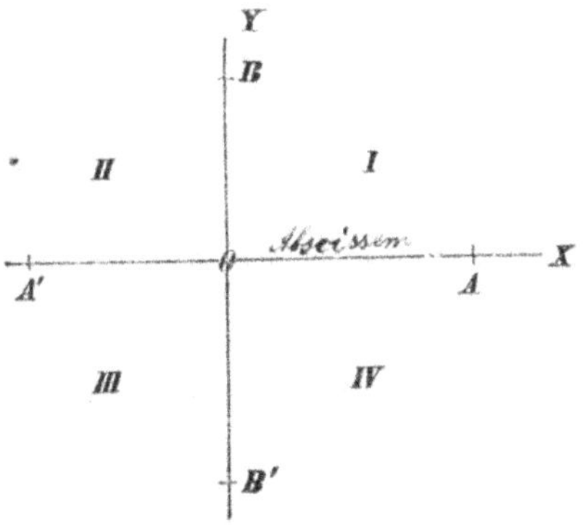

Der ganze Raum um den Punkt O wird durch die beiden Axen in 4 Quadranten getheilt. Der erste Quadrant ist derjenige, in welchem man die Richtung der begrenzenden Axen als positiv annimmt; der zweite, dritte und vierte folgen dann in der Regel gerechnet von der Rechten zur Linken, wie die Bezeichnung an der Figur andeutet.

§ 12. Jeder Winkel, sei derselbe ein spitzer oder nicht, lässt sich mit seinem Scheitel in O und mit einem seiner Schenkel auf OX legen; von der Art des Winkels hängt es nun ab, in welchen Quadranten sein anderer Schenkel fällt. Es ist offenbar, dass hierbei der andere Schenkel eines spitzen Winkels in den ersten, der andere Schenkel eines stumpfen Winkels dagegen in den zweiten Quadranten fallen wird; ebenso, dass der zweite Schenkel eines überstumpfen (convexen) Winkels in den dritten oder vierten Quadranten fallen wird, je nachdem der Winkel kleiner oder grösser als $3R$ ist. Für die Grenzwinkel, welche gleich 0^0, $1R$, $2R$, $3R$ oder $4R$ sind, fällt hierbei der zweite Schenkel in OA, OB_2, OB_4, OB_6, oder OA.

Fig. 5.

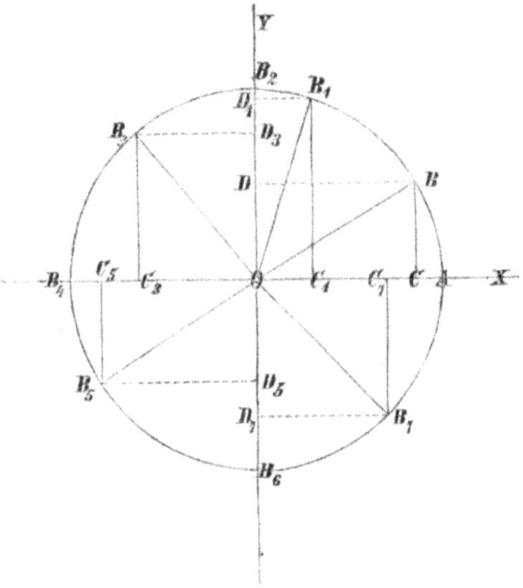

Anmerkung. Je nach der Lage des zweiten Schenkels heisst ein Winkel Winkel im ersten, zweiten u. s. w. Quadranten.

§ 13. Für den spitzen Winkel $BOA = \alpha$ sind bisher die goniometrischen Funktionen aus dem rechtwinkligen Dreiecke BOC definirt, in welchem $\sphericalangle\, \alpha$ liegt. Da ausser dem rechten Winkel C nur spitze Winkel in dem rechtwinkligen Dreiecke vorkommen können, so bliebe der Begriff der goniometrischen Funktionen auf spitze Winkel beschränkt, wenn sich dieselben nicht allgemeiner auffassen liessen.

Nach dem Vorhergehenden kann man OA als den unbeweglichen festen Schenkel eines jeden Winkels betrachten. Alsdann nennt man Sinus eines Winkels den Quotienten der Division des von einem beliebigen Punkte des beweglichen Schenkels auf den festen Schenkel gefällten Lothes durch die Länge des durch jenen Punkt begränzten beweglichen Schenkels; Cosinus den Quotienten der Division des durch das gefällte Loth auf dem festen Schenkel abgeschnittenen Stückes durch die Länge des durch jenen Punkt begränzten beweglichen Schenkels. In gleicher Weise erhält man die verallgemeinerten Begriffe für die übrigen Funktionen, wenn man in ihren bisherigen Definitionen das Loth von einem Punkte des beweglichen Schenkels auf den festen Schenkel statt der dem Winkel gegenüberliegenden Kathete, das durch dieses Loth von dem festen Schenkel abgeschnittene Stück statt der anliegenden Kathete und endlich den durch jenen Punkt begränzten beweglichen Schenkel statt der Hypotenuse nimmt.

§ 14. Bezeichnet man kurz das gefällte Loth mit y, das abgeschnittene Stück mit x und den beweglichen Schenkel mit r[1]; so ist r als jedesmaliger zweiter Schenkel für alle Arten Winkel positiv zu nehmen; das jedesmalige x lässt sich in seiner Lage zu der positiven und negativen Richtung OA und OB_4 (Fig. 5) unmittelbar bestimmen, da es selbst auf dieser Axe liegt, das jedesmalige y dagegen muss, um in seiner Lage zu der positiven und negativen Richtung OB_2 und OB_6 erkannt werden zu können, auf die Axe OY projicirt werden, wie in der Figur angedeutet ist. Hieraus ergiebt sich folgende Uebersicht:

	Im	I	II	III	IV	Quadranten
ist	x	+	—	—	+	
	y	+	+	—	—	

Desgleichen ergibt sich folgende Uebersicht der Werthe von x und y für die Grenzwinkel:

	Für	0^0	$1R$	$2R$	$3R$	$4R$
ist	x	r	0	$-r$	0	r
	y	0	r	0	$-r$	0

§ 15. Aus der vorhergehenden Tabelle ergeben sich die wirklichen Werthe der Funktionen der Grenzwinkel in folgender Tabelle:

	Für α =	0^0	$1R$	$2R$	$3R$	$4R$
ist	$\sin\alpha$ =	0	+1	0	−1	0
	$\cos\alpha$ =	+1	0	−1	0	+1
	$\mathrm{tg}\,\alpha$ =	0	∞	0	$-\infty$	0
	$\mathrm{cotg}\,\alpha$ =	∞	0	$-\infty$	0	∞
	$\sec\alpha$ =	+1	∞	−1	∞	+1
	$\mathrm{cosec}\,\alpha$ =	∞	1	∞	−1	∞

1) Diese Bezeichnung ist der analytischen Geometrie entnommen, wo x die Abscisse, y die Ordinate, beide zusammen Coordinaten des Endpunktes des beweglichen Schenkels heissen.

§ 16. Denkt man sich, ausgehend vom spitzen Winkel $BOA = \alpha$ den Schenkel OB in die Lage OB' im zweiten Quadranten übergegangen, so dass $\sphericalangle B'OC' = \alpha$ ist, so ist der stumpfe Winkel $B'OA = (2R - \alpha)$. Es ist ferner $\Delta B'OC' \cong BOC$, folglich die Längen der Abscissen und Ordinaten x und x', y und y' dieselben, wenn man von der Richtung absieht.

Fig. 6.

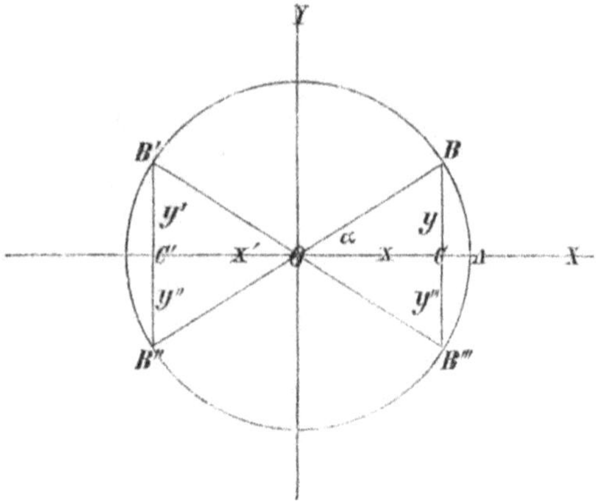

Es sind demnach die Funktionen des stumpfen Winkels $(2R - \alpha)$ absolut genommen denen des spitzen Winkels α gleich; mit Berücksichtigung der Tabelle über die Vorzeichen der x und y in dem zweiten Quadranten ergiebt sich aber:

$$(1)\quad \left\{\begin{aligned} \sin(2R - \alpha) &= + \sin\alpha \\ \cos(2R - \alpha) &= - \cos\alpha \\ \operatorname{tg}(2R - \alpha) &= - \operatorname{tg}\alpha \\ \operatorname{cotg}(2R - \alpha) &= - \operatorname{cotg}\alpha \\ \sec(2R - \alpha) &= - \sec\alpha \\ \operatorname{cosec}(2R - \alpha) &= + \operatorname{cosec}\alpha \end{aligned}\right.$$

d. h. **Sinus** und **Cosekante** eines stumpfen Winkels sind dem Sinus und der Cosekante des Supplementes gleich; Cosinus, Tangente, Cotangente und Sekante sind dem **negativen** Cosinus, der **negativen** Tangente, Cotangente und Sekante des Supplementes gleich.

Erreicht der bewegliche Schenkel die Lage OB'' und ist $\sphericalangle B''OC' = \alpha$, so sind für den überstumpfen Winkel $B''OA = (2R + \alpha)$ mit Berücksichtigung der Richtung

$x' = -x$, und $y'' = -y$, woraus folgt:

$$(2)\left\{\begin{aligned} \sin\,(2R+\alpha) &= -\sin\alpha \\ \cos\,(2R+\alpha) &= -\cos\alpha \\ \mathrm{tg}\,(2R+\alpha) &= +\,\mathrm{tg}\,\alpha \\ \mathrm{cotg}\,(2R+\alpha) &= +\,\mathrm{cotg}\,\alpha \\ \sec\,(2R+\alpha) &= -\sec\alpha \\ \mathrm{cosec}\,(2R+\alpha) &= -\,\mathrm{cosec}\,\alpha \end{aligned}\right.$$

d. h. **Tangente** und **Cotangente** eines überstumpfen Winkels im dritten Quadranten sind den entsprechenden Funktionen des Ueberschusses des Winkels über $2R$ gleich; Sinus, Cosinus, Sekante und Cosekante dagegen gleichen den entsprechenden **negativen** Funktionen jenes Ueberschusses.

Für den überstumpfen Winkel $B'''OA$ im 4. Quadranten, der, wenn $B'''OC = \alpha$ ist, $(4R - \alpha)$ beträgt, ist $x = x$; $y''' = -y$; daher folgende Gleichungen:

$$(3)\left\{\begin{aligned} \sin\,(4R-\alpha) &= -\sin\alpha \\ \cos\,(4R-\alpha) &= +\cos\alpha \\ \mathrm{tg}\,(4R-\alpha) &= -\,\mathrm{tg}\,\alpha \\ \mathrm{cotg}\,(4R-\alpha) &= -\,\mathrm{cotg}\,\alpha \\ \sec\,(4R-\alpha) &= +\sec\alpha \\ \mathrm{cosec}\,(4R-\alpha) &= -\,\mathrm{cosec}\,\alpha \end{aligned}\right.$$

d. h. **Cosinus** und **Sekante** eines überstumpfen Winkels im 4. Quadranten gleichen denselben Funktionen der Ergänzung des Winkels zu $4R$; Sinus, Tangente, Cotangente und Cosekante sind den entsprechenden **negativen** Funktionen jener Ergänzung gleich.

Zusatz. Für die Funktionen von Winkeln über $4R$, welche durch Summation entstehen können, setzt man einfach die gleichnamigen Funktionen des Ueberschusses. Denn der 5. Quadrant fällt mit dem 1., der 6. mit dem 2. zusammen u. s. w. Ist n eine beliebige ganze Zahl, so ist $F(4nR + \alpha) = F(\alpha)$, in welcher Formel F jede der goniometrischen Funktionen bezeichnen kann.

§ 17. Nimmt der Winkel α (Fig. 6) allmählich ab, so wird er endlich zu Null, wenn OB in OC fällt. Fällt dann OB noch über OC hinaus, so wird man, wenn $BC = CB'$ ist, $\sphericalangle B'OC$ in Bezug auf den ursprünglichen Winkel einen negativen nennen, ihn also mit $(-\alpha)$ bezeichnen müssen, in gleicher Weise, wie die Strecken einer und derselben Linie von einem Punkte derselben aus gerechnet in der einen Richtung positiv, in der entgegengesetzten negativ genommen werden. Es ist nun leicht einzusehen, dass für einen solchen negativen Winkel die x und y hinsichtlich des Vorzeichens ganz dieselben sind, wie im 4. Quadranten; folglich haben wir, wenn $\sphericalangle B'OC$ absolut genommen $= BOC$ ist,

Fig. 7.

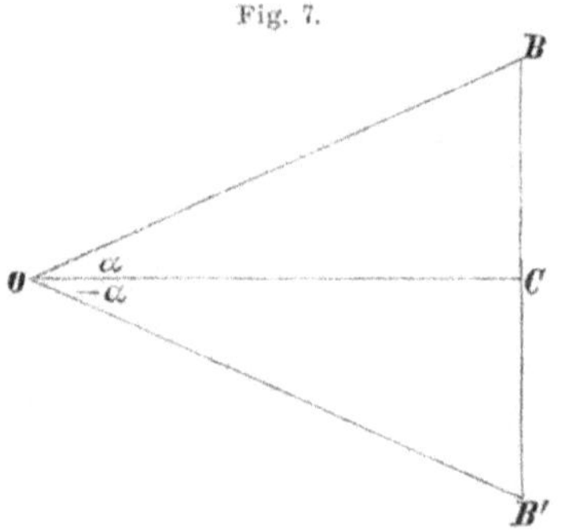

$$\sin(-\alpha) = \sin(4R - \alpha) = -\sin\alpha$$
$$\cos(-\alpha) = \cos(4R - \alpha) = +\cos\alpha$$
$$\mathrm{tg}(-\alpha) = \mathrm{tg}(4R - \alpha) = -\mathrm{tg}\,\alpha$$
$$\mathrm{cotg}(-\alpha) = \mathrm{cotg}(4R - \alpha) = -\mathrm{cotg}\,\alpha$$
$$\sec(-\alpha) = \sec(4R - \alpha) = +\sec\alpha$$
$$\mathrm{cosec}(-\alpha) = \mathrm{cosec}(4R - \alpha) = -\mathrm{cosec}\,\alpha$$

d. h. **Cosinus** und **Sekante** eines negativen Winkels gleichen denselben Funktionen des positiv genommenen Winkels; die übrigen Funktionen eines negativen Winkels sind den gleichnamigen negativen Funktionen des positiv genommenen Winkels gleich.

Zusatz. Die Richtigkeit vorstehender Formeln bleibt bestehen, wenn $\sphericalangle\alpha$ auch nicht spitz ist, wie sich aus einer Vergleichung der Werthe für die x und y der Winkel mit denen der x und y des ursprünglichen Winkels α leicht ableiten lässt.

§ 18. Die in den 3 letzten Paragraphen gewonnenen Gleichungen liefern den Beweis, dass man jede goniometrische Funktion eines jeden positiven oder negativen Winkels auf eine goniometrische Funktion eines spitzen und positiven Winkels reduciren kann. Berücksichtigt man ferner die in § 4 gegebenen Beziehungen, so ist eine weitere Reduction auf eine goniometrische Funktion eines Winkels von $(45^0 - \alpha)$ möglich, wo α die Werthe von 0^0 bis 45^0 annehmen kann.

Anmerkung. Die bisher mit aufgeführten Funktionen „Sekante“ und „Cosekante“ werden ferner nicht berücksichtigt werden, weil ihre einfachen Beziehungen zum Cosinus und Sinus sie leicht entbehrlich machen. Consequent könnte man aus ähnlichem Grunde auch die Cotangente entbehren, welche indess allgemein beibehalten wird.

Fig. 8.

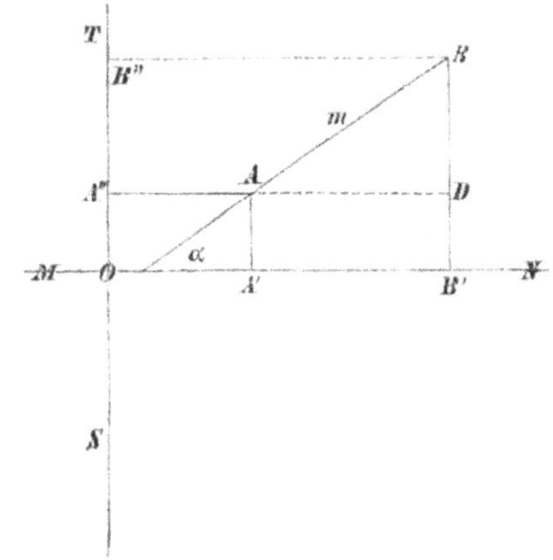

Fig. 9.

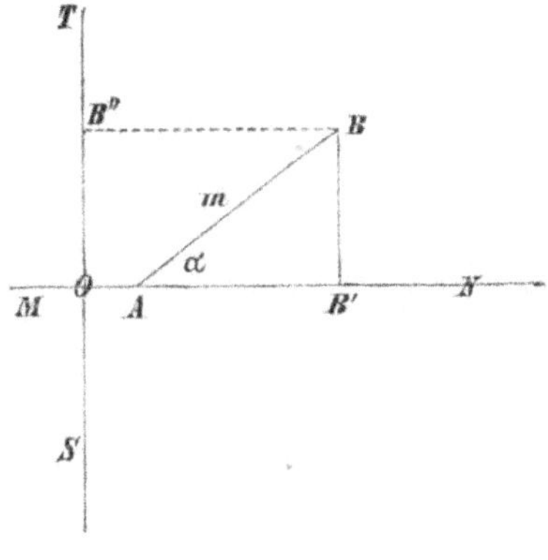

Fig. 10.

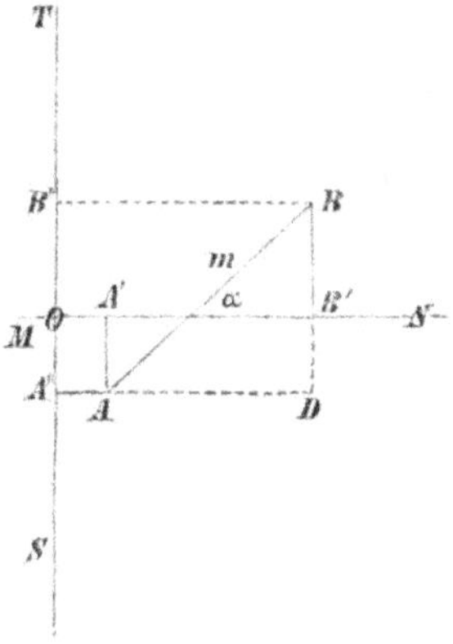

§ 19. Aus der Planimetrie darf als bekannt vorausgesetzt werden, dass, wenn man von den Endpunkten einer begrenzten geraden Linie AB Lothe auf eine andere nicht parallele Linie MN fällt, das Stück der letztern zwischen den Fusspunkten A' und B' die Projection der Linie AB heisst; AB selbst heisst die projicirte Linie, die Lothe AA' und BB' sind die projicirenden Linien, und die Linie MN heisst Projections-Axe. Dabei können die beiden Endpunkte A und B an derselben oder an verschiedener Seite der Projections-Axe liegen (Fig. 8 und 10), oder es kann auch ein Endpunkt, etwa A, in derselben liegen (Fig. 9), wobei $AA' = 0$ wird und also A mit A' zusammenfällt.

Heisst nun α der spitze Winkel, den die projicirte Linie mit der Projectionsaxe macht, so lässt sich, wie an der Figur ersichtlich ist, leicht ein rechtwinkliges Dreieck mit dem $\sphericalangle \alpha$ construiren, dessen Hypotenuse die projicirte Linie und dessen dem Winkel anliegende Kathete die Projection ist. Alsdann ist, wenn man mit m die projicirte Linie AB bezeichnet,

$A'B' = AD = m \cdot \cos\alpha$ (Fig. 8 u. 10)

$AB' = m \cdot \cos\alpha$ (Fig. 9), d. h. die Projection einer unter dem spitzen Winkel α zur Projectionsaxe geneigten Linie m wird erhalten, wenn man dieselbe mit dem Cosinus des Neigungswinkels multiplicirt. Der Cosinus führt daher den Namen „Projectionsfaktor".

Projicirt man in gleicher Weise die Linie AB auf eine zur ersten senkrechten Projectionsaxe ST, so erhält man auf dieser Axe eine zweite Projection $A''B''$ (Fig. 8 u. 10) und OB'' (Fig. 9), und weil die projicirte Linie mit dieser Axe einen Winkel macht, welcher α zu einem rechten ergänzt, so ist in demselben rechtwinkligen Dreiecke diese Projection die dem $\sphericalangle \alpha$ gegenüberliegende Kathete, und also:

$A''B'' = BD = m \cdot \sin\alpha$ (Fig. 8 u. 10), und

$OB'' = BB' = m . \sin\alpha$ (Fig. 9), d. h. die **zweite** Projection wird erhalten, wenn man die projicirte Linie mit dem Sinus des Neigungswinkels zur ersten Axe multiplicirt. Hiernach heisst auch der Sinus „Projectionsfaktor". Zum Unterschiede jedoch nennt man den Cosinus den ersten Projectionsfaktor, oder Projectionsfaktor schlechthin, Sinus den zweiten, und die entsprechenden Projectionen erste und zweite Projection; auch heisst jene die „Horizontal"-, diese die „Vertikal"-Projection.

1. Zusatz. Nimmt man wieder die Schenkelrichtung des spitzen Winkels α und folglich auch die beiden Projectionsrichtungen als positiv an, so werden die beiden aufgestellten Sätze

über die erste und zweite Projection für andere als spitze Winkel auch hinsichtlich der Richtung derselben ihre Gültigkeit behalten, wenn man die Cosinus und Sinus der nicht spitzen Winkel zwischen der projicirten Linie und der Projectionsaxe, einschliesslich der mit ihr möglicherweise gebildeten Grenz- und negativen Winkel nach §§ 15, 16 und 17 reducirt.

2. Zusatz. Für die besonderen Fälle $\alpha = 0$ und $\alpha = 1R$ ist die erste Projection $= m$ oder $= 0$, die zweite $= 0$ oder $= m$.

C. Goniometrische Funktionen der Summe und Differenz zweier Winkel, doppelter und halber Winkel; hieraus abgeleitete Formeln; Berechnung der wirklichen Werthe der goniometrischen Funktionen.

§ 20. Aus den Sinus und Cosinus zweier spitzen Winkel α und β den Sinus ihrer Summe zu bestimmen.

Auflösung. Man lege die beiden spitzen Winkel α und β in der Weise, wie es die Figur zeigt, an einander, fälle von D das Loth DE auf AB und DF auf AK, ferner $FG \perp DE$, so ist

Fig. 11.

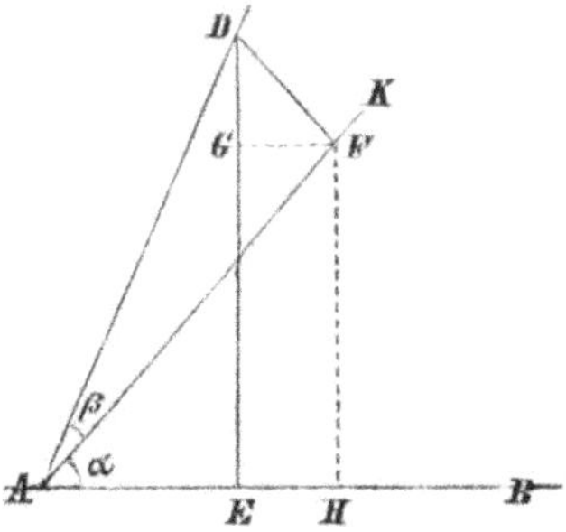

$$\sin(\alpha + \beta) = \frac{DE}{AD} = \frac{EG + GD}{AD}.$$

Es ist aber EG (als Projection von AF) $= AF \cdot \sin\alpha$, und AF (als Projection von AD) $= AD \cdot \cos\beta$, daher $EG = AD \cdot \sin\alpha \cdot \cos\beta$. Ebenso ist $GD = DF \cdot \cos GDF = DF \cdot \cos\alpha = AD \cdot \sin\beta \cdot \cos\alpha$, folglich $\sin(\alpha + \beta) = \sin\alpha \cdot \cos\beta + \cos\alpha \cdot \sin\beta$.

§ 21. Aus den Sinus und Cosinus zweier spitzen Winkel den Cosinus ihrer Summe zu bestimmen.

Auflösung. Es ist $\cos(\alpha + \beta) = \frac{AE}{AD} = \frac{AH - GF}{AD}$. Nun ist $AH = AF \cdot \cos\alpha = AD \cdot \cos\beta \cdot \cos\alpha$ und $GF = DF \cdot \sin\alpha = AD \cdot \sin\beta \cdot \sin\alpha$, daher

$$\cos(\alpha + \beta) = \cos\alpha \cdot \cos\beta - \sin\alpha \cdot \sin\beta.$$

1. Zusatz. Ist $(\alpha+\beta) > 1R$, so ist aus Fig. 12 ersichtlich, dass die Formel für

$$\sin(\alpha+\beta) = \sin\gamma$$

Fig. 12.

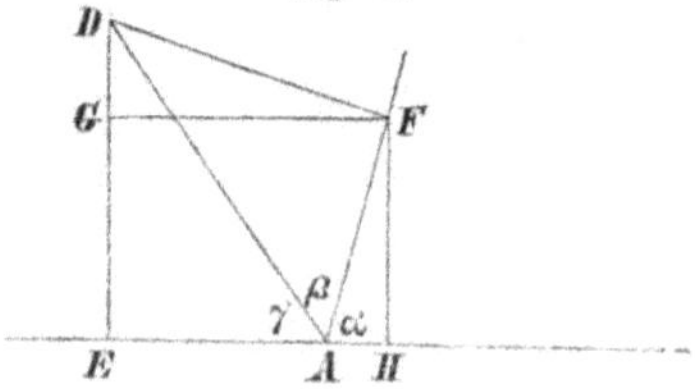

keine Aenderung erleidet; für den Cosinus der Summe ist

$$\cos(\alpha+\beta) = -\cos\gamma = -\frac{AE}{AD} = -\frac{EH-AH}{AD}$$

$= \frac{AH-EH}{AD}$; es ist aber $AH = AF\cdot\cos\alpha = AD\cdot\cos\beta\cdot\cos\alpha$, und $EH = DF\cdot\sin\alpha = AD\cdot\sin\beta\cdot\sin\alpha$, daher auch hier

$$\cos(\alpha+\beta) = \cos\alpha\cos\beta - \sin\alpha\sin\beta.$$

2. Zusatz. Ist $(\alpha+\beta) = 1R$, so wird $AE = 0$, $HE = GF = AH$ und $DE = DA$; daher $\sin(\alpha+\beta) = 1 = \sin\alpha\cos\beta + \cos\alpha\sin\beta = \sin\alpha^2 + \cos\alpha^2$; und $\cos(\alpha+\beta) = 0 = \cos\alpha\cos\beta - \sin\alpha\sin\beta = \cos\alpha\sin\alpha - \sin\alpha\cos\alpha$.

§ 22. Aus den Sinus und Cosinus zweier spitzen Winkel den Sinus ihrer Differenz zu bestimmen.

Auflösung. Legt man $\measuredangle\beta$ in der durch die Fig. 13 angedeuteten Weise auf α, und zieht $DE \perp AE$, $DF \perp AF$, $FG \perp EG$ und $FH \perp AE$, so ist

Fig. 13.

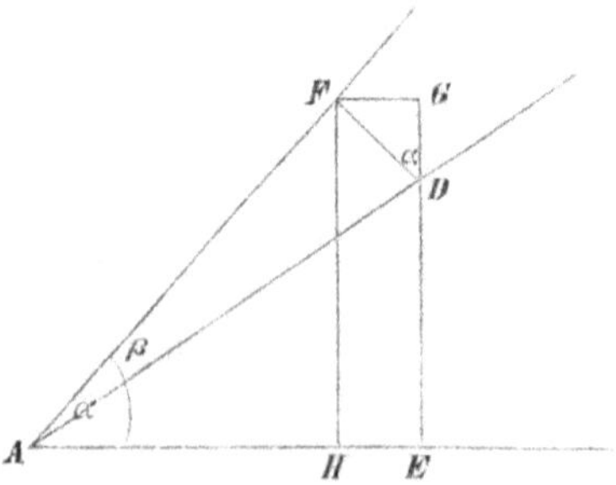

$$\sin(\alpha-\beta) = \sin DAE = \frac{DE}{AD} = \frac{GE-DG}{AD}.$$

Nun ist $GE = AF\cdot\sin\alpha = AD\cdot\cos\beta\cdot\sin\alpha$ und $DG = FD\cdot\cos FDG = FD\cdot\cos\alpha = AD\cdot\sin\beta\cdot\cos\alpha$, also ist $\sin(\alpha-\beta) = \sin\alpha\cdot\cos\beta - \cos\alpha\cdot\sin\beta$.

§ 23. Aus den Sinus und Cosinus zweier spitzen Winkel den Cosinus ihrer Differenz zu bestimmen.

Auflösung. Es ist (Fig. 13) $\cos(\alpha-\beta) = \frac{AE}{AD} = \frac{AH+HE}{AD}$. Nun ist $AH = AF\cdot\cos\alpha = AD\cdot\cos\beta\cdot\cos\alpha$, und $HE = FG = FD\cdot\sin\alpha = AD\cdot\sin\beta\cdot\sin\alpha$, daher

$$\cos(\alpha-\beta) = \cos\alpha\cdot\cos\beta + \sin\alpha\cdot\sin\beta.$$

1. Zusatz. Ist $\beta = \alpha$, so ist $(\alpha - \beta) = 0$. An der Figur wird dann $GE = GD$ und $AE = AD$, daher $\sin(\alpha - \beta) = 0$ und $\cos(\alpha - \beta) = 1$, was ebenfalls aus den Formeln für $\sin(\alpha - \beta)$ und $\cos(\alpha - \beta)$ hervorgeht, wenn $\beta = \alpha$ gesetzt wird.

2. Zusatz. Ist $\beta > \alpha$, also $(\alpha - \beta) = -\gamma$, so ist $\sin(\alpha - \beta) = -\sin\gamma = -\frac{ED}{AD}$, oder $AD \cdot \sin(\alpha - \beta) = -ED$.

Fig. 14.

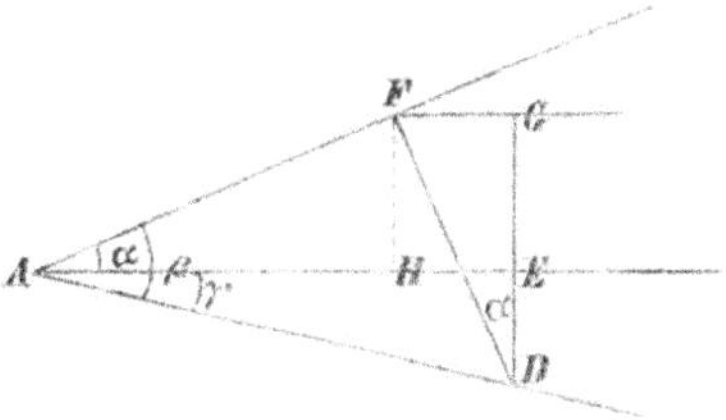

Obige Formel ergäbe $AD \cdot \sin(\alpha - \beta) = AD \cdot \sin\alpha\cos\beta - AD \cdot \cos\alpha\sin\beta = AF\sin\alpha - FD\cos\alpha = FH - GD = -ED$. Es ist also auch für diesen Fall die Formel richtig. Für $\cos(\alpha - \beta) = \cos(-\gamma) = \cos\gamma$ ergiebt sich aus der Formel $\frac{AH + HE}{AD}$, was ebenfalls richtig ist.

3. Zusatz. Die in § 22 und § 23 gegebenen Formeln für den Sinus und Cosinus der Differenz zweier spitzen Winkel lassen sich aus den Formeln für den Sinus und Cosinus der Summe ableiten, wenn man in denselben $-\beta$ an die Stelle von $+\beta$ setzt und dabei berücksichtigt, dass $\sin(-\beta) = -\sin\beta$, und $\cos(-\beta) = +\cos\beta$ ist.

4. Zusatz. Setzt man $\cos(\alpha + \beta) = \sin((R - \alpha) - \beta)$ und $\cos(\alpha - \beta) = \sin((R - \alpha) + \beta)$, so erhält man auch hieraus die obigen Formeln.

§ 24. Die in den vorhergehenden Paragraphen entwickelten Formeln gelten nicht allein für die Combination zweier spitzen Winkel, sondern aller Arten von Winkeln schlechthin. Der Beweis hierfür lässt sich auf verschiedene Weise führen, am einfachsten dadurch, dass man zeigt, dass

$$\sin(\alpha \pm \beta)^2 + \cos(\alpha \pm \beta)^2 = (\sin\alpha\cos\beta \pm \cos\alpha\sin\beta)^2$$
$$+ (\cos\alpha\cos\beta \mp \sin\alpha\sin\beta)^2 = 1$$

ist, welcher Art auch die Winkel α und β sein mögen. Die Beweisführung durch Construction unter Anwendung der Reductionsformeln aus den §§ 15, 16 und 17 würden zu weitläufig werden. Die Ausführung jenes Beweises wird wegen seiner Einfachheit dem Schüler überlassen.

§ 25. Die Tangente der Summe und der Differenz zweier Winkel zu bestimmen.

Auflösung. Es ist $\operatorname{tg}(\alpha \pm \beta)$

$$= \frac{\sin(\alpha \pm \beta)}{\cos(\alpha \pm \beta)} = \frac{\sin\alpha \cdot \cos\beta \pm \cos\alpha \cdot \sin\beta}{\cos\alpha \cdot \cos\beta \mp \sin\alpha \cdot \sin\beta};$$

dividirt man Dividendus und Divisor durch $\cos\alpha \cdot \cos\beta$, so erhält man

$$\operatorname{tg}(\alpha \pm \beta) = \frac{\operatorname{tg}\alpha \pm \operatorname{tg}\beta}{1 \mp \operatorname{tg}\alpha \cdot \operatorname{tg}\beta}.$$

§ 26. Die Cotangente der Summe und der Differenz zweier Winkel zu bestimmen.

Auflösung. Es ist $\operatorname{cotg}(\alpha \pm \beta)$

$$= \frac{\cos(\alpha \pm \beta)}{\sin(\alpha \pm \beta)} = \frac{\cos\alpha \cdot \cos\beta \mp \sin\alpha \cdot \sin\beta}{\sin\alpha \cdot \cos\beta \pm \cos\alpha \cdot \sin\beta};$$

wird hier Dividendus und Divisor durch $\sin\alpha \cdot \sin\beta$ dividirt, so erhält man

$$\operatorname{cotg}(\alpha \pm \beta) = \frac{\operatorname{cotg}\alpha \cdot \operatorname{cotg}\beta \mp 1}{\operatorname{cotg}\beta \pm \operatorname{cotg}\alpha}.$$

Zusatz. $\operatorname{tg}(45^0 \pm \alpha) = \frac{1 \pm \operatorname{tg}\alpha}{1 \mp \operatorname{tg}\alpha}$

und $\operatorname{cotg}(45^0 \pm \alpha) = \frac{\operatorname{cotg}\alpha \mp 1}{\operatorname{cotg}\alpha \pm 1}$.

§ 27. Aus den Funktionen eines Winkels α die Funktionen des doppelten Winkels 2α und des halben Winkels $\frac{1}{2}\alpha$ zu bestimmen.

Auflösung. Wenn man in den für $\sin(\alpha + \beta)$ und $\cos(\alpha + \beta)$ abgeleiteten Formeln $\beta = \alpha$ setzt, so erhält man

1) $\sin 2\alpha = 2 \sin\alpha \cdot \cos\alpha$

2) $\cos 2\alpha = \cos\alpha^2 - \sin\alpha^2$

Setzt man nun ein Mal $\cos\alpha^2 = 1 - \sin\alpha^2$, das andere Mal $\sin\alpha^2 = 1 - \cos\alpha^2$ in diese Formel 2) ein, so erhält man:

2a) $\cos 2\alpha = 1 - 2\sin\alpha^2$ und

2b) $\cos 2\alpha = 2\cos\alpha^2 - 1$.

Aus diesen Formeln erhält man, wenn α an die Stelle von 2α, und folglich $\frac{1}{2}\alpha$ an die Stelle von α gesetzt wird:

3) $\sin\alpha = 2\sin\frac{1}{2}\alpha \cdot \cos\frac{1}{2}\alpha$

4) $\cos\alpha = \cos\frac{1}{2}\alpha^2 - \sin\frac{1}{2}\alpha^2$

$= 1 - 2\sin\frac{1}{2}\alpha^2$

$= 2\cos\frac{1}{2}\alpha^2 - 1$

Aus 4) folgt:

5) $\sin\frac{1}{2}\alpha = \sqrt{\frac{1}{2}(1 - \cos\alpha)}$

6) $\cos\frac{1}{2}\alpha = \sqrt{\frac{1}{2}(1 + \cos\alpha)}$

Will man $\sin\frac{1}{2}\alpha$ und $\cos\frac{1}{2}\alpha$ durch $\sin\alpha$ ausdrücken, so setze man $(\cos\frac{1}{2}\alpha \pm \sin\frac{1}{2}\alpha)^2$
$= \cos\frac{1}{2}\alpha^2 + \sin\frac{1}{2}\alpha^2 \pm 2\sin\frac{1}{2}\alpha \cdot \cos\frac{1}{2}\alpha = 1 \pm \sin\alpha$;
man hat daher:

$\cos\frac{1}{2}\alpha + \sin\frac{1}{2}\alpha = \sqrt{1 + \sin\alpha}$

$\cos\frac{1}{2}\alpha - \sin\frac{1}{2}\alpha = \sqrt{1 - \sin\alpha}$, woraus folgt:

7) $\cos\frac{1}{2}\alpha = \frac{1}{2}\left[\sqrt{1 + \sin\alpha} + \sqrt{1 - \sin\alpha}\right]$, und

8) $\sin\frac{1}{2}\alpha = \frac{1}{2}\left[\sqrt{1 + \sin\alpha} - \sqrt{1 - \sin\alpha}\right]$.

Die Formeln für die Tangente und Cotangente des doppelten Winkels ergeben sich in gleicher Weise aus den Formeln für $\operatorname{tg}(\alpha + \beta)$ und $\operatorname{cotg}(\alpha + \beta)$, wenn man in denselben $\beta = \alpha$ setzt. Es ist alsdann nämlich

9) $\operatorname{tg} 2\alpha = \frac{2\operatorname{tg}\alpha}{1 - \operatorname{tg}\alpha^2}$ und 10) $\operatorname{cotg} 2\alpha = \frac{\operatorname{cotg}\alpha^2 - 1}{2\operatorname{cotg}\alpha}$.

Hieraus folgt, wenn man 2α durch α und α durch $\frac{1}{2}\alpha$ ersetzt

11) $\operatorname{tg}\alpha = \frac{2\operatorname{tg}\frac{1}{2}\alpha}{1 - \operatorname{tg}\frac{1}{2}\alpha^2}$ und 12) $\operatorname{cotg}\alpha = \frac{\operatorname{cotg}\frac{1}{2}\alpha^2 - 1}{2\operatorname{cotg}\frac{1}{2}\alpha}$.

Löst man die quadratischen Gleichungen 11) und 12) in Bezug auf $\operatorname{tg}\frac{1}{2}\alpha$ und $\operatorname{cotg}\frac{1}{2}\alpha$ auf, so erhält man

13) $\operatorname{tg}\frac{1}{2}\alpha = -\frac{1 - \sqrt{1 + \operatorname{tg}\alpha^2}}{\operatorname{tg}\alpha} = \frac{\sqrt{1 + \operatorname{tg}\alpha^2} - 1}{\operatorname{tg}\alpha} =$
$\sqrt{1 + \operatorname{cotg}\alpha^2} - \operatorname{cotg}\alpha = \frac{1}{\sin\alpha} - \operatorname{cotg}\alpha = \frac{1 - \cos\alpha}{\sin\alpha}$, und

14) $\operatorname{cotg}\frac{1}{2}\alpha = \operatorname{cotg}\alpha + \sqrt{1 + \operatorname{cotg}\alpha^2} = \operatorname{cotg}\alpha + \frac{1}{\sin\alpha} =$
$\frac{1 + \cos\alpha}{\sin\alpha}$.

Aus 5) und 6) erhält man einfacher

15) $\operatorname{tg}\frac{1}{2}\alpha = \sqrt{\frac{1 - \cos\alpha}{1 + \cos\alpha}}$ und 16) $\operatorname{cotg}\frac{1}{2}\alpha = \sqrt{\frac{1 + \cos\alpha}{1 - \cos\alpha}}$.

Zusatz. Wenn man die Radikanden dieser beiden Wurzelgrössen ein Mal mit $1 - \cos\alpha$, das andere Mal mit $1 + \cos\alpha$ im Dividendus und Divisor multiplicirt, so erhält man

$$\operatorname{tg} \tfrac{1}{2} \alpha = \frac{1 - \cos \alpha}{\sin \alpha} = \frac{\sin \alpha}{1 + \cos \alpha} \text{ und}$$

$$\operatorname{cotg} \tfrac{1}{2} \alpha = \frac{\sin \alpha}{1 - \cos \alpha} = \frac{1 + \cos \alpha}{\sin \alpha}.$$

§ 28. Aus den Formeln

$\sin(\alpha + \beta) = \sin \alpha \cos \beta + \cos \alpha \sin \beta$ und

$\sin(\alpha - \beta) = \sin \alpha \cos \beta - \cos \alpha \sin \beta$ folgt durch Addition und Subtraktion:

1) $\sin(\alpha + \beta) + \sin(\alpha - \beta) = 2 \sin \alpha \cdot \cos \beta$;

2) $\sin(\alpha + \beta) - \sin(\alpha - \beta) = 2 \cos \alpha \cdot \sin \beta$.

In gleicher Weise folgt aus

$\cos(\alpha + \beta) = \cos \alpha \cdot \cos \beta - \sin \alpha \cdot \sin \beta$ und

$\cos(\alpha - \beta) = \cos \alpha \cdot \cos \beta + \sin \alpha \cdot \sin \beta$

3) $\cos(\alpha - \beta) + \cos(\alpha + \beta) = 2 \cos \alpha \cdot \cos \beta$ und

4) $\cos(\alpha - \beta) - \cos(\alpha + \beta) = 2 \sin \alpha \,.\, \sin \beta$.

Anmerkung. Zu der letzten Formel sei bemerkt, dass zur Vermeidung des negativen Resultates $\cos(\alpha - \beta)$ zum Minuendus genommen ist, da $\cos(\alpha - \beta) > \cos(\alpha + \beta)$ ist, wenn β selbst positiv ist.

Wird in diesen neuen Formeln $\alpha + \beta = x$, und $\alpha - \beta = y$ gesetzt, woraus man leicht $\alpha = \frac{1}{2}(x + y)$, $\beta = \frac{1}{2}(x - y)$ erhält, so folgt:

5) $\sin x + \sin y = 2 \sin \frac{1}{2}(x + y) \cos \frac{1}{2}(x - y)$

6) $\sin x - \sin y = 2 \cos \frac{1}{2}(x + y) \sin \frac{1}{2}(x - y)$

7) $\cos y + \cos x = 2 \cos \frac{1}{2}(x + y) \cos \frac{1}{2}(x - y)$

8) $\cos y - \cos x = 2 \sin \frac{1}{2}(x + y) \sin \frac{1}{2}(x - y)$.

In den vorhergehenden 4 Formeln ist die Summe und die Differenz zweier Sinus und Cosinus in ein Product umgewandelt; sie finden Anwendung bei der logarithmischen Rechnung.

Es ergiebt sich ferner aus 5) und 6) durch Division

9) $\frac{\sin x + \sin y}{\sin x - \sin y} = \frac{\operatorname{tg} \frac{1}{2}(x + y)}{\operatorname{tg} \frac{1}{2}(x - y)}$; ebenso aus 7) und 8):

10) $\frac{\cos y + \cos x}{\cos y - \cos x} = \frac{\operatorname{cotg} \frac{1}{2}(x + y)}{\operatorname{tg} \frac{1}{2}(x - y)} = \operatorname{cotg} \frac{1}{2}(x + y) \operatorname{cotg} \frac{1}{2}(x - y)$.

Wenn man die Formeln für Sinus und Cosinus der Summe oder Differenz paarweise durcheinander dividirt, so erhält man aus

$\frac{\sin(\alpha+\beta)}{\sin(\alpha-\beta)}=\frac{\sin\alpha\cdot\cos\beta+\cos\alpha\cdot\sin\beta}{\sin\alpha\cdot\cos\beta-\cos\alpha\cdot\sin\beta}$ durch Division des Dividendus und Divisors durch $\cos\alpha\cdot\cos\beta$:

$$11)\ \frac{\sin(\alpha+\beta)}{\sin(\alpha-\beta)}=\frac{\operatorname{tg}\alpha+\operatorname{tg}\beta}{\operatorname{tg}\alpha-\operatorname{tg}\beta}.$$

Ebenso erhält man aus $\frac{\cos(\alpha+\beta)}{\cos(\alpha-\beta)}=\frac{\cos\alpha\cos\beta-\sin\alpha\sin\beta}{\cos\alpha\cos\beta+\sin\alpha\sin\beta}$, wenn man entweder durch $\cos\alpha\cdot\sin\beta$ oder durch $\sin\alpha\cdot\cos\beta$ im Dividendus und Divisor dividirt

$$12)\ \frac{\cos(\alpha+\beta)}{\cos(\alpha-\beta)}=\frac{\operatorname{cotg}\beta-\operatorname{tg}\alpha}{\operatorname{cotg}\beta+\operatorname{tg}\alpha},\ \text{oder}$$

$$13)\ \frac{\cos(\alpha+\beta)}{\cos(\alpha-\beta)}=\frac{\operatorname{cotg}\alpha-\operatorname{tg}\beta}{\operatorname{cotg}\alpha+\operatorname{tg}\beta}.$$

Setzt man $1=\operatorname{tg}45^0=\operatorname{cotg}45^0$, so erhält man aus Formel 11) und 13):

$$14)\ \frac{1+\operatorname{tg}\alpha}{1-\operatorname{tg}\alpha}=\frac{\operatorname{tg}45^0+\operatorname{tg}\alpha}{\operatorname{tg}45^0-\operatorname{tg}\alpha}=\frac{\sin(45^0+\alpha)}{\sin(45-\alpha)}$$
$$=\frac{\operatorname{cotg}45^0+\operatorname{tg}\alpha}{\operatorname{cotg}45^0-\operatorname{tg}\alpha}=\frac{\cos(45^0-\alpha)}{\cos(45^0+\alpha)}.$$

Anmerkung. Man vergleiche hiermit § 26, Zusatz.

Um Summe und Differenz von einem Sinus und einem Cosinus in Producte zu verwandeln, ersetze man entweder den Sinus durch den Cosinus des Complementes oder den Cosinus durch den Sinus des Complementes. Man erhält dann

$$\cos\alpha\pm\sin\beta=\sin(R-\alpha)\pm\sin\beta,\ \text{oder}$$
$$=\cos\alpha\pm\cos(R-\alpha).$$

Wendet man dann die Formeln 5) und 7) oder 6) und 8) an, so ergiebt sich:

$$15)\ \cos\alpha+\sin\beta=2\sin[45^0-\tfrac{1}{2}(\alpha-\beta)]\cos[45^0-\tfrac{1}{2}(\alpha+\beta)]$$
$$=2\cos[45^0+\tfrac{1}{2}(\alpha-\beta)]\sin[45^0+\tfrac{1}{2}(\alpha+\beta)]$$

$$16)\ \cos\alpha-\sin\beta=2\cos[45^0-\tfrac{1}{2}(\alpha-\beta)]\sin[45^0-\tfrac{1}{2}(\alpha+\beta)]$$
$$=2\sin[45^0+\tfrac{1}{2}(\alpha-\beta)]\cos[45^0+\tfrac{1}{2}(\alpha+\beta)]$$

Da nach § 6, 2. Zusatz $\sin 45^0=\cos 45^0=\frac{1}{2}\sqrt{2}$ ist, so ergiebt sich:

$$17)\ \cos\alpha+\sin\alpha=\sqrt{2}\cdot\cos(45^0-\alpha)=\sqrt{2}\cdot\sin(45^0+\alpha)$$
$$18)\ \cos\alpha-\sin\alpha=\sqrt{2}\cdot\sin(45^0-\alpha)=\sqrt{2}\cdot\cos(45^0+\alpha).$$

Zur Verwandlung der Summen und Differenzen von Tangenten und Cotangenten in Producte berücksichtige man, dass nach § 5

$\operatorname{tg} \alpha = \frac{\sin \alpha}{\cos \alpha}$ und $\operatorname{cotg} \alpha = \frac{\cos \alpha}{\sin \alpha}$ ist. Man erhält alsdann durch Vereinigung der Quotienten:

$$19)\quad \operatorname{tg} \alpha \pm \operatorname{tg} \beta = \frac{\sin(\alpha \pm \beta)}{\cos \alpha \cdot \cos \beta}$$

$$20)\quad \operatorname{cotg} \alpha \pm \operatorname{cotg} \beta = \frac{\sin(\beta \pm \alpha)}{\sin \alpha \cdot \sin \beta}.$$

Zusatz. $\operatorname{cotg} \alpha + \operatorname{tg} \alpha = \frac{2}{\sin 2\alpha}$ und $\operatorname{cotg} \alpha - \operatorname{tg} \alpha = 2 \operatorname{cotg} 2\alpha$.

§ 29. Die bis jetzt gewonnenen Formeln, deren Zahl noch erheblich vermehrt werden kann, geben ein Mittel an die Hand, mit Zugrundelegung der wirklichen Werthe einiger Winkelfunktionen, welche aus der Figur unmittelbar bestimmt werden können, die Werthe der goniometrischen Funktionen für alle Winkelgrössen abzuleiten. Nach der in § 18 hervorgehobenen Bedeutung der Relationen zwischen den Funktionen spitzer und nicht spitzer Winkel in Verbindung mit der in § 7 aufgestellten Tabelle der Abhängigkeit der verschiedenen goniometrischen Funktionen desselben Winkels von einander ist es für die Berechnung der Funktionen für alle Winkelgrössen nur nöthig, den wirklichen Zahlenwerth einer Funktion aller spitzen Winkel von 0^0 bis 45^0, beide Grenzen einschliesslich, zu berechnen.

Der Nachweis der Möglichkeit dieser Berechnung ist für den Zusammenhang nothwendig, obwohl die höhere Analysis auf einem andern Wege nicht allein die Funktionen der Winkel, sondern auch ihre Logarithmen unmittelbar finden lehrt.

Die Winkel, deren Funktionen unmittelbar aus der Figur abgeleitet werden können, sind die Winkel von 45^0, 30^0 und 60^0, und 18^0 und 72^0.

§ 30. Sei $\triangle ABC$ ein rechtwinkliges gleichschenkliges Dreieck, in welchem etwa $\sphericalangle B = 45^0$ sein möge; dann ist $\sin 45^0 = \cos 45^0 = \frac{AC}{CB} = \sqrt{\frac{\frac{1}{2} CB^2}{CB^2}} = \sqrt{\frac{1}{2}} = \frac{1}{2}\sqrt{2}$; $\operatorname{tg} 45^0 = \operatorname{cotg} 45^0 = 1$.

Fig. 15.

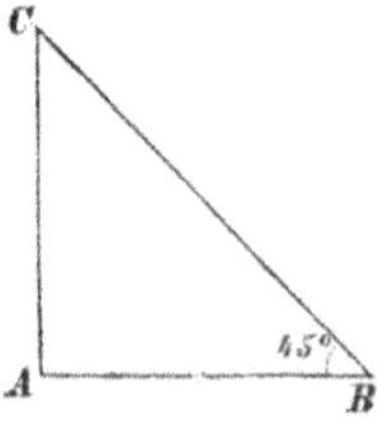

Anmerkung. In § 6, 2. Zusatz sind bereits die Werthe von $\sin 45^0 = \cos 45^0$ aus einer Formel abgeleitet; auch die Werthe $\operatorname{tg} 45^0 = \operatorname{cotg} 45^0$ ergaben sich schon dort ganz unmittelbar.

§ 31. Es sei ferner $\triangle ABC$ ein gleichseitiges Dreieck, in welchem $CD \perp AB$ ist; so ist $\sphericalangle ACD = 30^0$, $\sphericalangle CAD = 60^0$; es ist dann

Fig. 16.

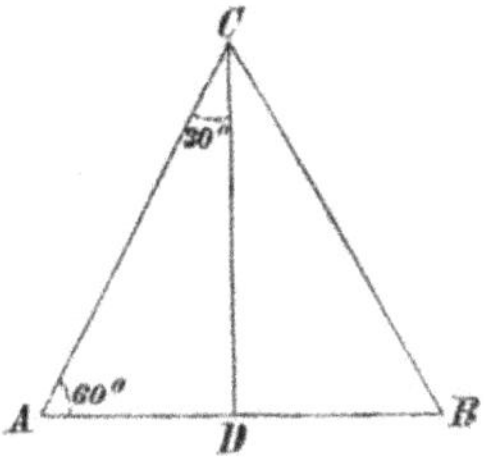

$$\sin 30^0 = \cos 60^0 = \frac{AD}{AC} = \frac{\frac{1}{2}AC}{AC} = \frac{1}{2}$$

$$\cos 30^0 = \sin 60^0 = \frac{CD}{AC} = \sqrt{\frac{\frac{3}{4}AC^2}{AC^2}}$$

$= \frac{1}{2}\sqrt{3}$. Hieraus: $\operatorname{tg} 30^0 = \operatorname{cotg} 60^0 = \frac{1}{2}\sqrt{3}$ und $\operatorname{cotg} 30^0 = \operatorname{tang} 60^0 = \sqrt{3}$.

§ 32. Ist C der Mittelpunkt eines Kreises und AB die Seite des regulären Zehnecks in demselben, welche bekanntlich das grössere Stück des nach der „sectio aurea" getheilten Radius ist, so ist $\sphericalangle ACB = 36^0$, und wenn $CD \perp AB$ ist, $\sphericalangle ACD = 18^0$, $\sphericalangle CAD = 72^0$. Nun ist wegen $AC : AB = AB : AC - AB$ $AB = \frac{AC}{2}(\sqrt{5} - 1)$,

Fig. 17.

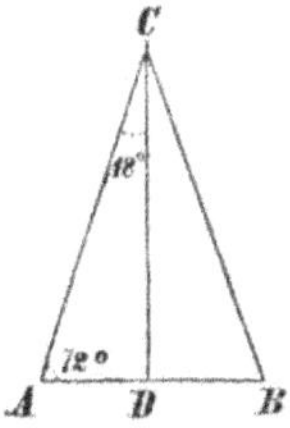

$$\frac{1}{2}AB = \frac{AC}{4}(\sqrt{5} - 1),$$

$$CD = \sqrt{AC^2 - \frac{AC^2}{16}(6 - 2\sqrt{5})} = \frac{AC}{4}\sqrt{10 + 2\sqrt{5}}.$$

Es ist also

$$\sin 18^0 = \cos 72^0 = \frac{1}{4}(\sqrt{5} - 1)$$

$$\cos 18^0 = \sin 72^0 = \frac{1}{4}\sqrt{10 + 2\sqrt{5}}$$

$$\operatorname{tg} 18^0 = \operatorname{cotg} 72^0 = \frac{\sqrt{5} - 1}{\sqrt{10 + 2\sqrt{5}}} = \sqrt{1 - \frac{2}{5}\sqrt{5}}$$

$$\operatorname{cotg} 18^0 = \operatorname{tg} 72^0 = \frac{\sqrt{10 + 2\sqrt{5}}}{\sqrt{5} - 1} = \sqrt{5 + 2\sqrt{5}}.$$

§ 33. Durch Addition und Subtraction der Winkelgrössen, deren Funktionen hier unmittelbar aus der Figur bestimmt sind, sowie Multiplication oder Division derselben durch 2 erhält man neue Winkelgrössen, deren Funktionen durch die in den §§ 20 bis 27 einschliesslich enthaltenen Formeln aus den Werthen der Funktionen jener berechnet werden können. Aus $\sin 45^0 = \cos 45^0 = \frac{1}{2}\sqrt{2}$ und $\operatorname{tg} 45^0 = \operatorname{cotg} 45^0 = 1$ erhält man nach § 27, Formel 5), 6), 13), 14), 15) und 16).

$$\sin 22\tfrac{1}{2}^0 = \cos 67\tfrac{1}{2}^0 = \frac{1}{2}\sqrt{2 - \sqrt{2}}$$

$$\cos 22\tfrac{1}{2} = \sin 67\tfrac{1}{2}^0 = \tfrac{1}{2}\sqrt{2+\sqrt{2}}$$

$$\operatorname{tg} 22\tfrac{1}{2}^0 = \operatorname{cotg} 67\tfrac{1}{2}^0 = \sqrt{2} - 1$$

$$\operatorname{cotg} 22\tfrac{1}{2} = \operatorname{tg} 67\tfrac{1}{2}^0 = \sqrt{2} + 1$$

Auf ähnliche Weise erhält man aus $\sin 30^0 = \frac{1}{2}$ und $\cos 30^0 = \frac{1}{2}\sqrt{3}$ nach § 27, Formel 5), 6), 7), 8), 13) und 14):

$$\sin 15^0 = \cos 75^0 = \tfrac{1}{2}\sqrt{2-\sqrt{3}} = \tfrac{1}{4}(\sqrt{6}-\sqrt{2})$$

$$\cos 15^0 = \sin 75^0 = \tfrac{1}{2}\sqrt{2+\sqrt{3}} = \tfrac{1}{4}(\sqrt{6}+\sqrt{2})$$

$$\operatorname{tg} 15^0 = \operatorname{cotg} 75^0 = 2 - \sqrt{3}$$

$$\operatorname{cotg} 15^0 = \operatorname{tg} 75^0 = 2 + \sqrt{3}.$$

Die Werthe von Sinus und Cosinus von 18^0 und 72^0 geben die für 36^0 und 54^0; und in Verbindung mit den soeben gefundenen Werthen dieser Funktionen für den Winkel von 75^0 erhält man auch die Funktionen von $75^0 - 72^0 = 3^0$. Auch ist $45^0 + 18^0 = 63^0$, $45^0 - 18^0 = 27^0$ und $3^0 = 30^0 - 27^0$, woraus also die Funktionen von 63^0, 27^0, 3^0 und 87^0 gefunden werden können. Der Werth der Funktionen von 3^0 giebt die Werthe der Funktionen für alle Winkel von 3 zu 3 Graden, also für 6^0, 9^0, 12^0 etc. Abwärts kann man aus ihm die Werthe der Funktionen von $1\frac{1}{2}^0$, $\frac{3}{4}^0$ u. s. w. bis in die kleinsten Bruchtheile finden, deren Divisoren Potenzen von 2 sind. Zur Bestimmung von $\sin 1^0$ hat man in der Formel

$$\begin{aligned}\sin 3\alpha &= \sin(2\alpha + \alpha) = \sin 2\alpha \cos\alpha + \cos 2\alpha \cdot \sin\alpha \\ &= 2\sin\alpha\cos\alpha^2 + \sin\alpha\,(1 - 2\sin\alpha^2) \\ &= 2\sin\alpha\,(1 - \sin\alpha^2) + \sin\alpha\,(1 - 2\sin\alpha^2) \\ &= 3\sin\alpha - 4\sin\alpha^3\end{aligned}$$

$\alpha = 1^0$ zu setzen, und man erhält die cubische Gleichung $\sin 3^0 = 3\sin 1^0 - 4(\sin 1^0)^3$, woraus mit beliebigem Grade von Genauigkeit der Werth $\sin 1^0$ berechnet werden kann. Der Lösung einer cubischen Gleichung kann man hierbei nicht entgehen, da alle durch Combination schon gefundener Werthe neu berechneten nur solche für Winkel ergeben, deren Gradzahl durch 3 theilbar ist; sind die Grade in Bruchtheilen ausgedrückt, so ist jederzeit der Zähler desselben durch 3 theilbar.

Aus dem gefundenen Werthe für $\sin 1^0$ ist man im Stande die Werthe der goniometrischen Funktionen aller Winkel von 0^0

bis 45^0 von Grad zu Grad zu berechnen. Es ist nun leicht einzusehen, dass man in ähnlicher Weise auch für die Minuten und Sekunden die goniometrischen Funktionen berechnen und also eine Tabelle aufstellen kann, in welcher für jeden Winkel in Graden, Minuten und Sekunden die Werthe seiner Funktionen zusammengestellt sind, aus welcher man also auch umgekehrt zu dem bekannten Werthe irgend einer Funktion eines noch unbekannten Winkels dessen Grösse bestimmen kann. Eine solche Tabelle fürt den Namen: Tabelle der „natürlichen" Sinus, Cosinus u. s. w. In der Praxis werden indess meist nicht die natürlichen Sinus u. s. w. gebraucht, sondern ihre Logarithmen. In Bezug auf Einrichtung und Anwendung solcher logarithmischer Tabellen, worüber in diesen selbst ein ausführlicher Unterricht enthalten ist, möge nur noch bemerkt werden, dass die Logarithmen aller Sinus und Cosinus, als Logarithmen ächter Brüche, negativ sind; ebenso die Logarithmen der Tangenten der Winkel unter, und der Cotangenten der Winkel über 45^0. Man findet aber in den Tabellen nicht diese negativen Logarithmen, sondern ihre dekadische Ergänzung, welcher Umstand für die Richtigkeit des Resultates einer Rechnung mit denselben sorgfältig zu berücksichtigen ist.

II. Capitel. Eigentliche Trigonometrie.

Vorbemerkung. Um die Abhängigkeit der Dreiecksstücke in Formeln auszudrücken, wonach man aus gegebenen Stücken die andern berechnen kann, theilt man die Dreiecke in 2 Klassen, nämlich in rechtwinklige und schiefwinklige. Für die rechtwinkligen Dreiecke findet man die Auflösungsformeln durch unmittelbare Anwendung der Begriffe der goniometrischen Funktionen; aus den für das rechtwinklige Dreieck entwickelten Formeln erhält man dann die für das schiefwinklige, wenn man dieses durch eine Höhe in zwei rechtwinklige zerlegt und die für jedes dieser beiden erhaltenen rechtwinkligen Dreiecke geltenden Formeln zweckmässig combinirt. Unmittelbar im Anschluss an das rechtwinklige Dreieck behandelt man das gleichschenklige, weil es sich durch Ziehung der Höhe von seiner Spitze aus in zwei congruente rechtwinklige Dreiecke zerlegen lässt.

Die Seiten eines Dreiecks ABC werden in den Formeln in üblicher Weise mit denjenigen Buchstaben des kleinen lateinischen Alphabets bezeichnet, welche den Buchstaben der gegenüberliegenden Ecken entsprechen, also $BC = a$, $AC = b$, $AB = c$. Die Winkel selbst bezeichnet man entweder mit den Buchstaben A, B, C selbst, oder mit den entsprechenden Buchstaben des kleinen griechischen Alphabets, also mit α, β, γ. Wir werden die erste Methode anwenden.

A. Auflösung der rechtwinkligen und gleichschenkligen Dreiecke.

§ 34. Aufgabe. Von einem rechtwinkligen Dreiecke seien gegeben die beiden Katheten; die übrigen Stücke durch Rechnung zu finden.

Fig. 18.

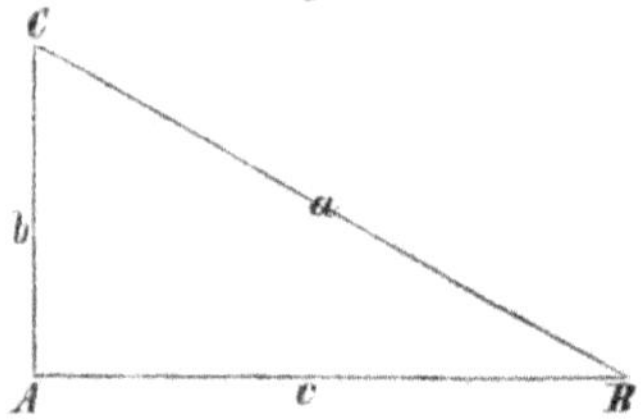

Gegeben: b, c.

Auflösung. Es ist 1) $\operatorname{tg} B = \operatorname{cotg} C = \frac{b}{c}$, 2) $a = \sqrt{b^2 + c^2}$ nach Pythagoras' Satz.

Zusatz. Es ist nicht immer praktisch, die gesuchten Stücke eines Dreiecks unmittelbar (independent) aus den gegebenen Stücken bestimmen zu wollen; in vielen Fällen empfiehlt es sich vielmehr, die schon berechneten Werthe einiger der gesuchten Stücke für die Berechnung der noch übrigen zu benutzen. Eine solche recurrirende Methode ist im vorliegenden Falle zur Berechnung der Hypotenuse bequemer, wenn die Zahlenwerthe der Katheten vielzifferig sind. Man berechnet alsdann zuerst die Winkel B und C; dann ist einfacher

$$a = \frac{b}{\sin B} = \frac{c}{\cos B} = \frac{b}{\cos C} = \frac{c}{\sin C}.$$

§ 35. Aufgabe. Von einem rechtwinkligen Dreiecke seien gegeben die Hypotenuse und eine Kathete; die übrigen Stücke durch Rechnung zu finden.

Gegeben: a und b.

Auflösung. 1) $c = \sqrt{a^2 - b^2} = \sqrt{(a + b)(a - b)}$; 2) $\sin B = \cos C = \frac{b}{a}$.

Zusatz. Ist zuerst $\sphericalangle B$ berechnet, so ist $c = a \cdot \cos B$.

§ 36. Aufgabe. Von einem rechtwinkligen Dreiecke seien gegeben die Hypotenuse und ein spitzer

Winkel; die übrigen Stücke durch Rechnung zu finden.

Gegeben: a und $\sphericalangle B$.

Auflösung. 1) $\sphericalangle C = 90^0 - B$; 2) $b = a \sin B$; 3) $c = a \cos B$.

§ 37. Aufgabe. Von einem rechtwinkligen Dreiecke seien gegeben eine Kathete und ein spitzer Winkel; die übrigen Stücke durch Rechnung zu finden.

Gegeben: c und $\sphericalangle B$.

Auflösung: 1) $\sphericalangle C = 90^0 - B$; 2) $a = \frac{c}{\cos B}$, 3) $b = c \cdot \operatorname{tg} B$.

§ 38. Die Fundamentalaufgaben über das gleichschenklige Dreieck sind schon in den vorhergehenden Paragraphen gelöst. Sind nämlich von demselben gegeben ein Schenkel und die Grundlinie, so kennt man, wenn man Fig. 19, in welcher $AC = BC$ sei, $CD \perp AB$ zieht, von dem rechtwinkligen Dreiecke BCD die Hypotenuse und die Kathete DB, findet also nach § 35 die Winkel; sind ein Schenkel und ein Winkel, oder die Grundlinie und ein Winkel gegeben, so findet man im ersten Falle nach § 36, im zweiten nach § 37 die fehlenden Stücke.

Fig. 19.

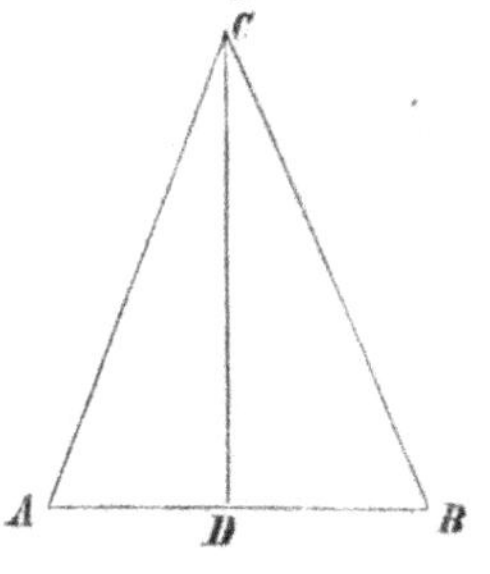

B. Auflösung der schiefwinkligen Dreiecke.

§ 39. Lehrsatz. In jedem Dreiecke ist eine Seite gleich der Summe der Producte aus je einer der beiden andern Seiten und dem Cosinus des Winkels, welchen diese mit der ersteren Seite einschliesst.

Fig. 20.

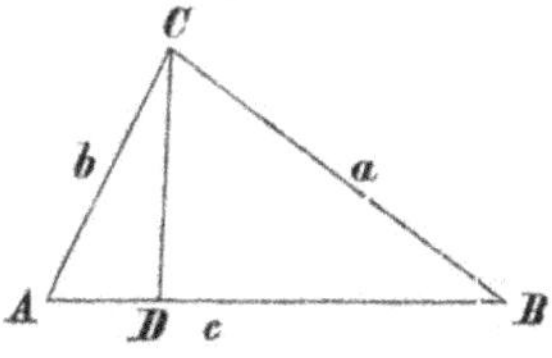

Fig. 21.

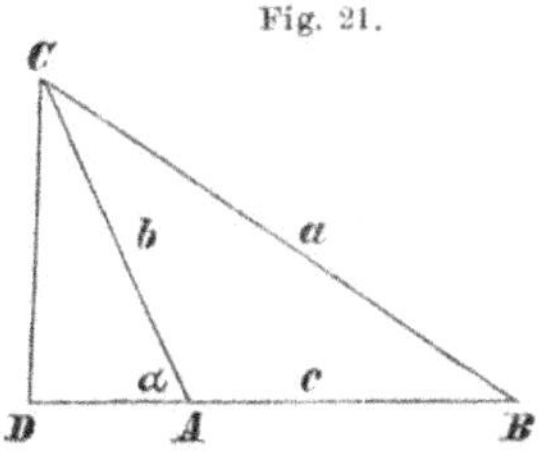

Beweis. Fällt man in dem bei A spitzwinkligen Dreiecke ABC des Loth CD auf AB, so ist (Fig. 20):

$$c = DB + AD = a \cdot \cos B + b \cos A.$$

Ist aber A ein stumpfer Winkel (Fig. 21), so fällt das Loth CD ausserhalb des Dreiecks, und es ist:

$$c = DB - AD = a \cdot \cos B - b \cdot \cos \alpha = a \cdot \cos B - b \cdot \cos(2R - A)$$
$$= a \cdot \cos B + b \cdot \cos A.$$

Ebenso ist also auch $b = c \,.\, \cos A + a \cdot \cos C$ und

$$a = b \cdot \cos C + c \cdot \cos B.$$

Anmerkung. Dieser Satz möge aus naheliegenden Gründen „Projectionssatz" heissen.

§ 40. Lehrsatz. In jedem Dreiecke verhalten sich zwei Seiten zu einander wie die Sinus der diesen Seiten gegenüberliegenden Winkel.

Beweis. Es ist sowohl in dem bei A spitzwinkligen als auch in dem bei A stumpfwinkligen Dreiecke ABC (s. Fig. 20 und 21) die gezogene Höhe

$CD = a \cdot \sin B = b \cdot \sin A$, woraus folgt:

$a : b = \sin A : \sin B$. Ebenso ist

$b : c = \sin B : \sin C$, also überhaupt:

$a : b : c = \sin A : \sin B : \sin C$.

Anmerkung. Dieser Satz ist unter dem Namen „Sinussatz" bekannt.

§ 41. Die beiden vorhergehenden Sätze sind als die Grundformeln für die Auflösung der schiefwinkligen Dreiecke zu betrachten. Sie geben zwei Gleichungen zwischen fünf Stücken eines Dreiecks, woraus stets die beiden gesuchten gefunden werden können. Um noch näher zu zeigen, dass, strenge genommen, die beiden vorhergehenden Sätze zur Auflösung der Dreiecke ausreichend sein müssen, möge bemerkt werden, dass der Sinussatz für sich allein dem vierten und zweiten Congruenzsatze entspricht, indem man nach demselben entweder aus zwei gegebenen Seiten und einem gegenüberliegenden Winkel den anderen Gegenwinkel, oder aus einer Seite und den anliegenden Winkeln eine zweite Seite berechnen kann. Die ferneren Formeln, die dem ersten und dritten Congruenzsatze entsprechen, sind durch Combination der beiden Grundformeln zu erhalten. Sonstige noch aufzustellende Formeln sind theils solche, die nach den gegebenen Stücken eines Dreiecks in besonderen Fällen unmittelbar zur Anwendung kommen, theils solche, die aus Umformungen schon vorhandener entstehen und für eine bequeme logarithmische Rechnung in vielen Fällen nothwendig werden.

§ 42. Lehrsatz. In jedem Dreiecke ist das Quadrat über einer Seite gleich der Summe der Quadrate über den beiden andern Seiten, vermindert um das doppelte Product aus diesen beiden Seiten und dem Cosinus des von ihnen eingeschlossenen Winkels.

Beweis. Wenn man die beiden Grundformeln

$a \cdot \sin B = b \cdot \sin A$ (§ 40) und

$a \cdot \cos B = c - b \cos A$ (§ 39) quadrirt und addirt, so erhält man $a^2 = b^2 + c^2 - 2bc \cdot \cos A$.

Ebenso ist $b^2 = a^2 + c^2 - 2ac \cdot \cos B$ und

$c^2 = a^2 + b^2 - 2ab \cdot \cos C$.

1. Zusatz. Giebt man der erhaltenen Formel die Form

$$\cos A = \frac{b^2 + c^2 - a^2}{2\,bc},\ \cos B = \frac{a^2 + c^2 - b^2}{2\,ac} \text{ und } \cos C = \frac{a^2 + b^2 - c^2}{2\,ab},$$

so erhält man dadurch eine Formel, um aus den gegebenen drei Seiten eines Dreiecks die Winkel zu bestimmen, während die erstere Form der Formel die dritte Seite giebt, wenn zwei Seiten und der eingeschlossene Winkel gegeben sind.

Anmerkung. Vorstehender Satz führt den Namen „Cosinussatz".

2. Zusatz. Setzt man aus der Planimetrie als bekannt voraus, dass (Figur 20 und 21) $a^2 = b^2 + c^2 \mp 2c \cdot AD$ ist, je nachdem $\sphericalangle A$ spitz oder stumpf ist, so ergiebt sich hieraus, da im ersten Falle $AD = b \cdot \cos A$, im zweiten Falle $AD = -b \cdot \cos A$ ist:

$$a^2 = b^2 + c^2 - 2bc \cdot \cos A.$$

§ 43. Aus $a : b : c = \sin A : \sin B : \sin C$ folgt:

$$a : b + c = \sin A : \sin B + \sin C.$$

Nun ist $\sin A = \sin (B + C) = 2 \sin \frac{1}{2} (B + C) \cdot \cos \frac{1}{2} (B + C)$ § 16, Formel 1), und § 27, Formel 3); ferner $\sin B + \sin C = 2 \sin \frac{1}{2} (B + C) \cdot \cos \frac{1}{2} (B - C)$ § 28, Formel 5); beides eingesetzt, giebt:

$$a : b + c = \cos \tfrac{1}{2} (B + C) : \cos \tfrac{1}{2} (B - C)$$

In gleicher Weise ergiebt sich:

$$a : b - c = \sin \tfrac{1}{2} (B + C) : \sin \tfrac{1}{2} (B - C).$$

Anmerkung. Diese Formeln heissen die Mollweide'schen Formeln. Sie werden zweckmässig statt des Sinussatzes gebraucht, wenn aus einer Seite und den Winkeln eines Dreiecks die anderen Seiten berechnet werden sollen. Man findet nämlich aus der ersten Formel die Summe der gesuchten Seiten, aus der zweiten ihre Differenz, wodurch sie einzeln bestimmt sind.

§ 44. Aus der Sinusformel

$$b : c = \sin B : \sin C \text{ folgt auch}$$

$$b + c : b - c = \sin B + \sin C : \sin B - \sin C, \text{ woraus}$$

mit Anwendung von § 28, Formel 5) und 6) folgt:

$$b + c : b - c = \operatorname{tg} \tfrac{1}{2} (B + C) : \operatorname{tg} \tfrac{1}{2} (B - C).$$

Zusatz. Die Division der beiden Mollweide'schen Formeln ergiebt dieselbe Formel.

Anmerkung. Vorstehende Formel, welche den Namen Tangentensatz führt, findet statt des Cosinussatzes in dem Falle zweckmässige Anwendung, wenn aus zwei Seiten und dem eingeschlossenen Winkel eines Dreiecks die übrigen Stücke berechnet werden sollen. Man findet durch sie zunächst die halbe Differenz der beiden anderen Winkel, da ihre Summe durch den gegebenen bestimmt ist; hieraus bestimmen sich leicht die Winkel einzeln. Die dann folgende Anwendung des Sinussatzes giebt die dritte Seite.

Fig. 22.

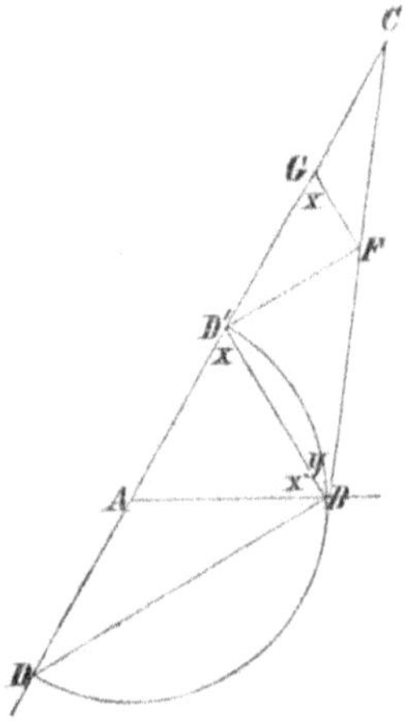

§ 45. Es hat Interesse, sowohl die Formeln von Mollweide, als auch die Tangentenformel durch geometrische Construction unmittelbar an der Figur nachzuweisen. Macht man $CD = b + c$, $CD' = b - c$, zieht dann DB und $D'B$, sowie $D'F \parallel DB$, so ist $\sphericalangle DBD' = BD'F = 1R$, $\sphericalangle ABD' = AD'B = x = \frac{1}{2}(B + C)$ und $\sphericalangle D'BF = y = \frac{1}{2}(B - C)$. Nun ist: $BC : DC = BF : DD'$ oder $a : b + c = \frac{BF}{D'B} : \frac{DD'}{D'B} = \frac{1}{\cos y} : \frac{1}{\cos x}$ also $a : b + c = \cos x : \cos y$

$= \cos \frac{1}{2}(B + C) : \cos \frac{1}{2}(B - C)$. Zieht man ferner $FG \parallel BD'$, so ist $\sphericalangle FGD' = x$, und es ist: $BC : CD' = BF : GD'$ oder

$$a : b - c = \frac{BF}{D'F} : \frac{GD'}{D'F} = \frac{1}{\sin y} : \frac{1}{\sin x}, \text{ also}$$

$$a : b - c = \sin x : \sin y = \sin \tfrac{1}{2}(B + C) : \sin \tfrac{1}{2}(B - C).$$

Zum Beweise des Tangentensatzes hat man

$CD : CD' = DB : D'F$ oder

$$b + c : b - c = \frac{DB}{D'B} : \frac{D'F}{D'B} = \operatorname{tg} x : \operatorname{tg} y, \text{ daher}$$

$$b + c : b - c = \operatorname{tg} \tfrac{1}{2}(B + C) : \operatorname{tg} \tfrac{1}{2}(B - C).$$

§ 46. Aus den beiden Grundformeln

$b \cdot \sin A = a \cdot \sin B$ und

$b \cdot \cos A = c - a \cdot \cos B$ folgt durch Division

$$\operatorname{tg} A = \frac{a \sin B}{c - a \cdot \cos B}; \text{ ebenso erhält man}$$

$$\operatorname{tg} C = \frac{c \cdot \sin B}{a - c \cdot \cos B}.$$

Anmerkung. Diese Formel, nach welcher man aus zwei Seiten eines Dreiecks und dem von diesen Seiten eingeschlossenen Winkel die beiden anderen Winkel einzeln (separirt) berechnen kann, möge „separirte“ Tangentenformel heissen, während die andere schlechtweg Tangentenformel oder in ihrem Gegensatze zu der separirten die „combinirte“ Tangentenformel genannt werden möge.

Zusatz. Die separirte Tangentenformel folgt auch leicht durch Construction an der Figur. Es ist nämlich, wenn man $CD \perp AB$ zieht:

Fig. 23.

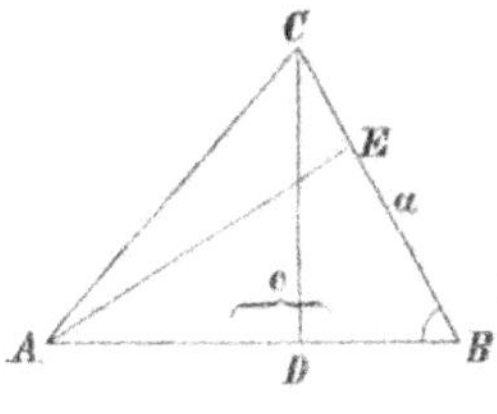

$$\operatorname{tg} A = \frac{CD}{AD} = \frac{CD}{AB - DB} = \frac{a \cdot \sin B}{c - a \cdot \cos B};$$

zieht man dagegen $AE \perp BC$, so erhält man:

$$\operatorname{tg} C = \frac{AE}{CE} = \frac{AE}{CB - BE} = \frac{c \cdot \sin B}{a - c \cdot \cos B}.$$

§ 47. Setzt man in der Cosinusformel

$a^2 = b^2 + c^2 - 2bc \cdot \cos A$ $\cos A = 2 \cos \frac{1}{2} A^2 - 1$ oder $\cos A = 1 - 2 \sin \frac{1}{2} A^2$, so erhält man im ersten Falle

1) $a = \sqrt{(b + c)^2 - 4bc \cdot \cos \frac{1}{2} A^2}$, im zweiten Falle

2) $a = \sqrt{(b - c)^2 + 4bc \cdot \sin \frac{1}{2} A^2}$.

Aus jeder lässt sich, wenn man das erste Glied des Radicandus mit $\sin \frac{1}{2} A^2 + \cos \frac{1}{2} A^2$ ($= 1$) multiplicirt, eine neue Formel ableiten, nämlich

$$3)\ a = \sqrt{(b+c)^2 \sin \tfrac{1}{2} A^2 + (b-c)^2 \cos \tfrac{1}{2} A^2}.$$

Alle drei Formeln lassen sich durch Einführung eines sogenannten Hülfswinkels umformen, so dass sie für logarithmische Rechnung bequem werden. Giebt man nämlich der ersten die Form $a = (b + c) \sqrt{1 - \frac{4\,bc}{(b+c)^2} \cos \frac{1}{2} A^2}$ und setzt $\frac{\sqrt{bc}}{\frac{1}{2}(b+c)} \cos \frac{1}{2} A$ $= \sin \varphi$, was immer möglich ist, da das geometrische Mittel ($\sqrt{bc}$) kleiner ist als das arithmetische ($\frac{1}{2}(b + c)$), so erhält man

$$4)\ a = (b + c) \cos \varphi.$$

Setzt man ferner in der in ähnlicher Weise veränderten Form der zweiten Formel: $a = (b - c) \sqrt{1 + \frac{4\,bc}{(b-c)^2} \sin \frac{1}{2} A^2}$ $\frac{2\sqrt{bc} \cdot \sin \frac{1}{2} A}{b - c} = \operatorname{tg} \varphi$, so erhält man nach § 6, Formel 2:

$$5)\ a = \frac{b - c}{\cos \varphi}.$$

Giebt man endlich der dritten Formel die Form

$$a = (b - c) \cos \tfrac{1}{2} A \sqrt{1 + \left[\frac{b + c}{b - c}\right]^2 \operatorname{tg} \tfrac{1}{2} A^2}$$ und setzt $\frac{b + c}{b - c} \cdot \operatorname{tg} \frac{1}{2} A = \operatorname{tg} \varphi$, so erhält man

$$6)\ a = \frac{(b - c) \cos \frac{1}{2} A}{\cos \varphi}.$$

Zusatz. Wenn man in der unveränderten Formel 1) $2\sqrt{bc} \cos \frac{1}{2} A = p$ setzt, so erhält man ohne Hülfswinkel die ebenfalls bequeme Formel $a = \sqrt{(b + c + p)(b + c - p)}$.

§ 48. Nach der Cosinusformel in ihrer zweiten Gestalt, nämlich $\cos A = \frac{b^2 + c^2 - a^2}{2\,bc}$ lässt sich nicht bequem rechnen, wenn a, b und c vielzifferige Zahlen oder vielstellige Decimalbrüche sind. Zur Umformung setze man in Formel 6) aus § 27, nämlich in $\cos \frac{1}{2} \alpha = \sqrt{\frac{1}{2}(1 + \cos \alpha)}$ für $\cos \alpha$ den Werth $\cos A = \frac{b^2 + c^2 - a^2}{2\,bc}$ und man erhält dadurch

$$\cos \tfrac{1}{2} A = \sqrt{\tfrac{1}{2}\left(1 + \frac{b^2 + c^2 - a^2}{2\,bc}\right)} = \sqrt{\frac{2\,bc + b^2 + c^2 - a^2}{4\,bc}}$$

$$= \sqrt{\frac{(b+c)^2 - a^2}{4\,bc}} = \sqrt{\frac{(b+c+a)(b+c-a)}{4\,bc}}.$$

Setzt man hierin noch $a + b + c = 2s$, (so dass s den halben Umfang des Dreiecks bezeichnet) und $b + c - a = 2(s - a)$, so erhält man

$$1)\quad \begin{cases} \cos\frac{1}{2}A = \sqrt{\frac{s(s-a)}{bc}}, \text{ ebenso} \\ \cos\frac{1}{2}B = \sqrt{\frac{s(s-b)}{ac}} \text{ und} \\ \cos\frac{1}{2}C = \sqrt{\frac{s(s-c)}{ab}}. \end{cases}$$

Legt man die Formel 5) aus § 27 Grunde, so ergeben ähnliche Transformationen die Formeln

$$2)\quad \begin{cases} \sin\frac{1}{2}A = \sqrt{\frac{(s-b)(s-c)}{bc}} \\ \sin\frac{1}{2}B = \sqrt{\frac{(s-a)(s-c)}{ac}} \\ \sin\frac{1}{2}C = \sqrt{\frac{(s-a)(s-b)}{ab}}. \end{cases}$$

Die Division der correspondirenden vorhergehenden Formeln für Sinus und Cosinus eines halben Dreieckswinkels ergiebt:

$$3)\ \operatorname{tg}\frac{1}{2}A = \sqrt{\frac{(s-b)(s-c)}{s(s-a)}},\quad \operatorname{tg}\frac{1}{2}B = \sqrt{\frac{(s-a)(s-c)}{s(s-b)}},$$

$$\operatorname{tg}\frac{1}{2}C = \sqrt{\frac{(s-a)(s-b)}{s(s-c)}}.$$

Aus den Formeln 1) und 2) erhält man mit Zugrundelegung von § 27, Formel 3):

$$4)\quad \begin{cases} \sin A = \frac{2}{bc}\sqrt{s(s-a)(s-b)(s-c)} \\ \sin B = \frac{2}{ac}\sqrt{s(s-a)(s-b)(s-c)} \\ \sin C = \frac{2}{ab}\sqrt{s(s-a)(s-b)(s-c)} \end{cases}$$

Anmerkung 1. Dieselben Formeln 4) lassen sich mit Zugrundelegung der Formel $\sin\alpha = \sqrt{1 - \cos\alpha^2}$ aus der ursprünglichen Cosinusformel herleiten.

Anmerkung 2. Von den hier aufgestellten, für logarithmische Rechnung bequemen Formeln sind die unter 3) die vortheilhaftesten; warum?

§ 49. Endlich erhält auch die separirte Tangentenformel

$$\operatorname{tg} A = \frac{a \sin B}{c - a \cdot \cos B}$$

eine für logarithmische Rechnung bequeme Form, wenn man zunächst dafür

$$\operatorname{tg} A = \frac{1}{\frac{c}{a \cdot \sin B} - \operatorname{cotg} B} \text{ und hierin } \frac{c}{a \sin B} = \operatorname{cotg} \varphi \text{ setzt;}$$

es ist alsdann nach § 28, Formel 20)

$$\operatorname{tg} A = \frac{\sin B \cdot \sin \varphi}{\sin (B - \varphi)}.$$

Anmerkung. Beispiele, nach vorhergehenden Formeln berechnet, finden sich im nachfolgenden Abschnitte E. (§§ 67 u. ff.)

C. Flächeninhaltsbestimmung der Dreiecke und Bestimmung der Radien der zugehörigen Kreise.

Vorbemerkung. Der Flächeninhalt eines Dreieckes wird bezeichnet mit F, der Radius des umschriebenen Kreises mit r, der Radius des eingeschriebenen Kreises mit ϱ. Die drei übrigen die Seiten eines Dreiecks berührenden Kreise haben die Radien ϱ_a, ϱ_b, ϱ_c, je nachdem sie die Seite a, b oder c zwischen ihren Endpunkten berühren.

§ 50. Für die Inhaltsbestimmung eines Dreiecks aus gegebenen Stücken liegt der aus der Planimetrie bekannte Satz über den Dreiecksinhalt zu Grunde. Ist (Fig. 23) $CD \perp AB$ und setzt man $CD = h$, so ist $F = \frac{1}{2}\, ch$; nun ist $h = b \cdot \sin A$, daher

1) $F = \frac{1}{2}\, bc \cdot \sin A$, d. h. aus zwei Seiten und dem eingeschlossenen Winkel eines Dreiecks berechnet man den Flächeninhalt, wenn man das halbe Product der beiden Seiten mit dem Sinus des eingeschlossenen Winkels multiplicirt.

Weil nach dem Sinussatze $b = \frac{c \cdot \sin B}{\sin C}$ ist, so erhält man, wenn dieser Werth in Formel 1) eingesetzt wird

2) $F = \frac{c^2 \cdot \sin A \cdot \sin B}{2 \sin C} = \frac{\frac{1}{2} c^2 \sin A \cdot \sin B}{\sin (A + B)}$, wonach man den Flächeninhalt eines Dreieckes leicht berechnen kann, wenn eine Seite desselben und die Winkel gegeben sind. Eine durch

Auflösung von sin $(A + B)$ und Division im Dividendus und Divisor erhaltene Formel

$$3)\ F = \frac{\frac{1}{2} c^2}{\operatorname{cotg} A + \operatorname{cotg} B}$$

ist zu logarithmischer Rechnung nicht geeignet.

Setzt man in die Formel 1) den in § 48, Formel 4) angegebenen Werth für sin A, so erhält man

4) $F = \sqrt{s(s-a)(s-b)(s-c)}$, wonach der Flächeninhalt berechnet werden kann, wenn die drei Seiten des Dreiecks gegeben sind.

Aus zwei Seiten und einem Gegenwinkel lässt sich der Inhalt des Dreiecks in einer einfachen Formel nicht ausdrücken. Man reducirt die Aufgabe durch vorherige Berechnung irgend eines Stückes auf eine der angegebenen 3 Formeln.

Ist das Dreieck, dessen Inhalt bestimmt werden soll, rechtwinklig und heissen seine Katheten b und c, so ist unmittelbar

5) $F = \frac{1}{2} bc$.

Hieraus ergeben sich, wenn man zur Bestimmung von b und c in den einzelnen Fällen die in den §§ 34 bis 37 aufgestellten Formeln anwendet, leicht die Formeln

6) $F = \frac{1}{2} b \sqrt{(a+b)(a-b)}$, um aus Hypotenuse und einer Kathete,

7) $F = \frac{1}{4} a^2 \sin 2B$, um aus der Hypotenuse und einem spitzen Winkel, und endlich

8) $F = \frac{1}{2} c^2 \operatorname{tg} B$, um aus einer Kathete und dem anliegenden Winkel den Flächeninhalt zu bestimmen.

Die Bestimmung des Flächeninhalts gleichschenkliger Dreiecke lässt sich einfach auf die eines rechtwinkligen Dreiecks reduciren, wenn ein Winkel zu den gegebenen Stücken gehört. Im anderen Falle erhält man aus Formel 4), wenn man $a = b$ setzt

9) $F = \frac{1}{2} c \sqrt{(a + \frac{1}{2} c)(a - \frac{1}{2} c)}$

Ist endlich das Dreieck gleichseitig, und heisst seine Seite a, so ist

10) $F = \frac{1}{4} a^2 \sqrt{3}$, was sich entweder aus Formel 4) ergiebt, indem man $a = b = c$ setzt, oder auch, wenn man in einem gleichseitigen Dreiecke die Höhe bestimmt.

§ 51. Der Radius r des einem Dreiecke umschriebenen Kreises ist für den Fall, dass das Dreieck rechtwinklig ist, der halben Hypotenuse gleich, seine Bestimmung also in den einzelnen Fällen mit der Berechnung der Hypotenuse gleichbedeutend. Für ein schiefwinkliges Dreieck ABC erhält man eine Grundformel für den Radius r, wenn man den Mittelpunkt O mit A verbindet und diesen Radius zum Durchmesser verlängert. Verbindet man dann D mit B, so ist, weil $\sphericalangle DBA = 1R$ und $\sphericalangle D = C$ ist

Fig. 21.

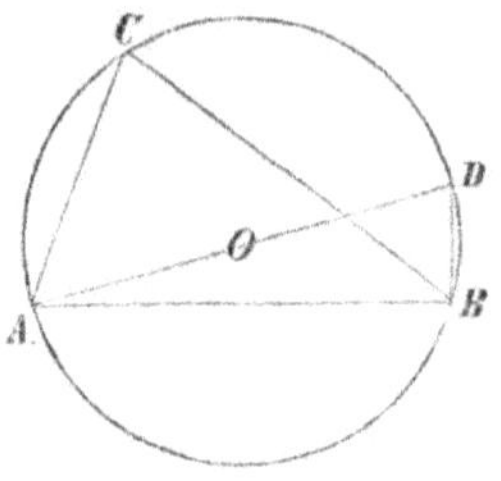

$$AD = 2r = \frac{c}{\sin C}, \text{ also 1) } r = \frac{\frac{1}{2}c}{\sin C},$$

d. h. der Radius des einem Dreiecke umschriebenen Kreises ist gleich einer halben Seite desselben dividirt durch den Sinus des dieser Seite gegenüberliegenden Winkels.

Durch diese Grundformel ist zugleich die Frage nach der Grösse des Radius des umschriebenen Kreises für die beiden Fälle beantwortet, dass von einem Dreiecke zwei Seiten und ein Gegenwinkel, oder eine Seite und die Winkel gegeben sind.

Sind von einem Dreiecke zwei Seiten und der eingeschlossene Winkel gegeben, so berechne man zuerst entweder einen Gegenwinkel oder die dritte Seite und wende die Grundformel an.

Setzt man aber in $r = \frac{\frac{1}{2}c}{\sin C}$ den für $\sin C$ in § 48, Formel 4) aufgestellten Werth, so erhält man, wenn die 3 Seiten eines Dreiecks gegeben sind,

$$2) \quad r = \frac{abc}{4\sqrt{s(s-a)(s-b)(s-c)}}; \quad \left[= \frac{abc}{4F}\right].$$

§ 52. Für ein gleichschenkliges Dreieck werden die Formeln einfacher. Es sei $AB = c$ die Grundlinie eines solchen, alsdann ist, wenn der Schenkel a und ein Winkel gegeben sind,

$$1) \quad r = \frac{\frac{1}{2}a}{\cos\frac{1}{2}C} = \frac{\frac{1}{2}a}{\sin A}.$$

Ist die Grundlinie und ein Winkel gegeben, so ist

$$2) \quad r = \frac{\frac{1}{2}c}{\sin C} = \frac{\frac{1}{2}c}{\sin 2A}.$$

Sind die Grundlinie und der Schenkel bekannt, so geht die obige Formel 2) in § 51 über in

$$3)\ r = \frac{a^2 c}{4 \cdot \frac{1}{2} c \sqrt{(a + \frac{1}{2} c)(a - \frac{1}{2} c)}} = \frac{a^2}{2 \sqrt{(a + \frac{1}{2} c)(a - \frac{1}{2} c)}}.$$

Für ein gleichseitiges Dreieck mit der Seite a ist endlich:

$$4)\ r = \tfrac{1}{3} a \sqrt{3}.$$

§ 53. Wenn man den Mittelpunkt O des dem Dreiecke ABC eingeschriebenen Kreises mit den Ecken des Dreiecks verbindet, so wird das Dreieck dadurch in drei Dreiecke ABO, BCO und ACO getheilt, welche alle drei den Radius ϱ zur Höhe haben. Da die Grundlinien derselben die Dreiecksseiten sind, so ergiebt sich für die Bestimmung des Radius ϱ die Grundformel

Fig. 25.

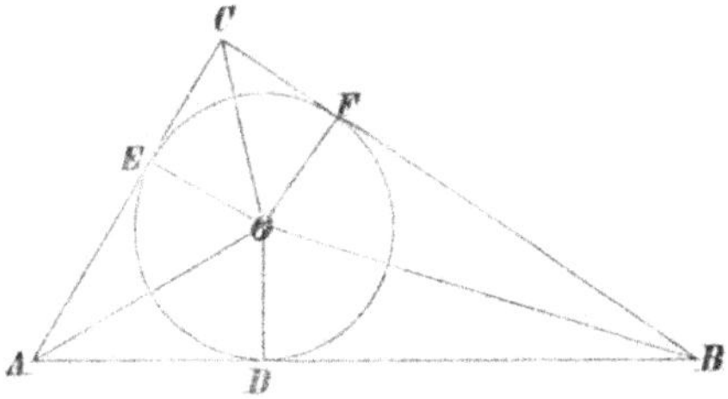

$$1)\ \varrho = \frac{2F}{a + b + c}.$$

Gehen wir die je nach den gegebenen Stücken eines Dreiecks verschiedenen vier Fälle durch, so erhält man für den Fall, dass alle drei Seiten gegeben sind, durch Substitution des betreffenden Werthes von F

$$2)\ \varrho = \frac{2\sqrt{s(s-a)(s-b)(s-c)}}{2s} = \sqrt{\frac{(s-a)(s-b)(s-c)}{s}}.$$

Multiplicirt man den Radicandus im Dividendus und Divisor mit $s - a$, so erhält man unter Berücksichtigung von § 48, Formel 3)

$$3)\ \varrho = (s-a) \operatorname{tg} \tfrac{1}{2} A = (s-b) \operatorname{tg} \tfrac{1}{2} B = (s-c) \operatorname{tg} \tfrac{1}{2} C,$$

wonach mit Hülfe eines Winkels aus den 3 Seiten der Radius ϱ auf einfache Weise berechnet werden kann.

An der Figur ist $\varrho = AD \cdot \operatorname{tg} \frac{1}{2} A$; es ist aber

$$AD + BF + CE = s = AD + a, \text{ also } AD = s - a,$$

woraus dann dieselbe Formel folgt.

Sind von einem Dreiecke zwei Seiten und der eingeschlossene Winkel gegeben, so erhält man ϱ auf folgende Weise:

Es seien b, c und $\sphericalangle A$ die gegebenen Stücke, so ist nach der Grundformel

$$\varrho = \frac{bc \cdot \sin A}{b + c + \sqrt{b^2 + c^2 - 2bc \cos A}}$$

$$= \frac{bc \cdot \sin A\,(b + c - \sqrt{b^2 + c^2 - 2bc \cdot \cos A})}{(b + c)^2 - (b^2 + c^2 - 2bc \cos A)}$$

$$= \frac{bc \cdot \sin A\,(b + c - \sqrt{b^2 + c^2 - 2bc \cdot \sin A})}{2bc\,(1 + \cos A)}$$

$$= \frac{\sin A\,(b + c - \sqrt{b^2 + c^2 - 2bc \cdot \cos A})}{2\,(1 + \cos A)}.$$

Setzt man nun $\sin A = 2 \sin \frac{1}{2} A \cdot \cos \frac{1}{2} A$ (§ 27, Formel 3)) und $1 + \cos A = 2 \cos \frac{1}{2} A^2$, so wird

4) $\varrho = \frac{1}{2} \operatorname{tg} \frac{1}{2} A\,[b + c - \sqrt{b^2 + c^2 - 2bc \cdot \cos A}]$.

Um diese Formel für Logarithmen bequem zu machen, gebe man ihr die Form

$$\varrho = \tfrac{1}{2}(b + c) \operatorname{tg} \tfrac{1}{2} A\,[1 - \sqrt{1 - \frac{2bc}{(b + c)^2}(1 + \cos A)}] \text{ oder}$$

$$\varrho = \tfrac{1}{2}(b + c) \operatorname{tg} \tfrac{1}{2} A\,[1 - \sqrt{1 - \frac{4bc}{(b + c)^2} \cos \tfrac{1}{2} A^2}],$$

und setzt, wie in § 47, Formel 4), $\frac{2\sqrt{bc}}{b + c} \cos \frac{1}{2} A = \sin \varphi$, so erhält man

$$\varrho = \tfrac{1}{2}(b + c) \operatorname{tg} \tfrac{1}{2} A\,(1 - \cos \varphi);$$

hierauf wende man § 27, Formel 5) an und man erhält endlich

5) $\varrho = (b + c) \operatorname{tg} \frac{1}{2} A \cdot \sin \frac{1}{2} \varphi^2$.

Bringt man die Wurzel nicht aus dem Divisor in den Dividendus, so erhält man durch ähnliche Behandlung

6) $\varrho = \frac{bc \cdot \sin A}{2(b + c) \cos \frac{1}{2} \varphi^2}$, worin ebenfalls

$$\sin \varphi = \frac{2\sqrt{bc}}{b + c} \cos \tfrac{1}{2} A \text{ ist.}$$

Eine einfache Formel für ϱ erhält man, wenn man es aus einer Seite und den Winkeln eines Dreiecks bestimmt. Es seien c, $\sphericalangle A$ und $\sphericalangle B$ die gegebenen Stücke, so ist nach § 50, Formel 2)

$F = \frac{\frac{1}{2} c^2 \cdot \sin A \cdot \sin B}{\sin (A + B)}$; es ist aber $a = \frac{c \cdot \sin A}{\sin C}$ und $b = \frac{c \cdot \sin B}{\sin C}$;

daher ist $\varrho = \dfrac{c^2 \cdot \sin A \cdot \sin B}{c \cdot \sin (A+B)\left[\dfrac{\sin A}{\sin C} + \dfrac{\sin B}{\sin C} + 1\right]}$ oder

7) $\varrho = \dfrac{c \,.\, \sin A \cdot \sin B}{\sin A + \sin B + \sin C}$.

Zur Umformung dieser Formel in eine für logarithmische Rechnung bequeme Form hat man nun

$\sin A + \sin B + \sin C = 2 \sin \tfrac{1}{2}(A+B) \cos \tfrac{1}{2}(A-B)$
$+ 2 \sin \tfrac{1}{2} C \cdot \cos \tfrac{1}{2} C$; weil nun

$(A+B) + C = 2R$ und also $\tfrac{1}{2}(A+B) + \tfrac{1}{2} C = 1 R$

ist, so folgt

$$\sin A + \sin B + \sin C =$$

$2 \cos \tfrac{1}{2} C \cos \tfrac{1}{2}(A-B) + 2 \cos \tfrac{1}{2}(A+B) \cos \tfrac{1}{2} C$, oder

$\sin A + \sin B + \sin C = 2 \cos \tfrac{1}{2} C\,[\cos \tfrac{1}{2}(A-B) + \cos \tfrac{1}{2}(A+B)]$

$$= 4 \cos \tfrac{1}{2} C \cdot \cos \tfrac{1}{2} A \cdot \cos \tfrac{1}{2} B.$$

Setzt man nun noch $\sin A = 2 \sin \tfrac{1}{2} A \cos \tfrac{1}{2} A$ und ebenso $\sin B = 2 \sin \tfrac{1}{2} B \cdot \cos \tfrac{1}{2} B$, so erhält man

8) $\varrho = \dfrac{c \cdot \sin \frac{1}{2} A \cdot \sin \frac{1}{2} B}{\sin \frac{1}{2}(A+B)} = \dfrac{c \cdot \sin \frac{1}{2} A \cdot \sin \frac{1}{2} B}{\cos \frac{1}{2} C}$.

Aus zwei Seiten und einem Gegenwinkel lässt sich ϱ in einfacher Formel nicht ausdrücken; man berechnet am besten zunächst einen Winkel und wendet die vorhergehende Formel an.

§ 54. Für ein bei A rechtwinkliges Dreieck ABC ergiebt sich aus der allgemeinen Formel $\varrho = \dfrac{2F}{a+b+c}$ unter Berücksichtigung des rechten Winkels als Grundformel

1) $\varrho = \dfrac{bc}{b+c+\sqrt{b^2+c^2}} = \tfrac{1}{2}\,[b+c) - a]$,

d. h. in einem rechtwinkligen Dreiecke ist der Radius des eingeschriebenen Kreises gleich dem halben Ueberschusse der Kathetensumme über die Hypotenuse.

Aus gegebener Hypotenuse a und einem spitzen Winkel B ergiebt sich aus der Grundformel, wenn man die in § 36 gegebenen Beziehungen berücksichtigt:

$\varrho = \tfrac{1}{2}(a \cdot \sin B + a \cdot \cos B - a) = \tfrac{1}{2} a\,[\sin B + \cos B - 1]$
$= \tfrac{1}{2} a\,[\sqrt{2} \cdot \cos (45^0 - B) - 1] = \tfrac{1}{2} a \sqrt{2}\,[\cos 45^0 - B) - \tfrac{1}{2}\sqrt{2}]$

$$= \tfrac{1}{2} a \sqrt{2} \, [\cos (45^0 - B) - \cos 45^0]$$

$$= a \sqrt{2} \cdot \sin (45^0 - \tfrac{1}{2} B) \sin \tfrac{1}{2} B \text{ oder}$$

2) $\varrho = a \sqrt{2} \sin \tfrac{1}{2} B \sin \tfrac{1}{2} C$; indem $\sin (45^0 - \tfrac{1}{2} B) = \sin \tfrac{1}{2} C$ ist.

Sind eine Kathete und der anliegende spitze Winkel bekannt, so ergiebt die Grundformel unter Berücksichtigung von § 37

3) $\varrho = \tfrac{1}{2} \left(c + \operatorname{cotg} B - \dfrac{c}{\cos B}\right) = \dfrac{\tfrac{1}{2} c \sqrt{2} \sin \tfrac{1}{2} B}{\cos (45^0 - \tfrac{1}{2} B)} = \dfrac{c \cdot \sin \tfrac{1}{2} B}{\cos \tfrac{1}{2} C \cdot \sqrt{2}}$.

Soll aus der Hypotenuse und einer Kathete ϱ gefunden werden, so berechnet man am einfachsten zuerst einen Winkel und wendet entweder Formel 2) oder 3) an. Ebenso berechnet man zuvor einen Winkel, wenn man aus den beiden Katheten ϱ berechnen soll, namentlich, wenn die Werthe der Katheten vielziffrig sind, und verfährt nach Formel 3).

§ 55. Für ein gleichschenkliges Dreieck ABC, dessen Grundlinie C ist, erhält man zur Bestimmung von ϱ eine einfache Formel, wenn man in § 53, Formel 2) setzt: $b = a$ und $s = a + \tfrac{1}{2} c$; es wird dann nämlich:

1) $\varrho = \tfrac{1}{2} c \sqrt{\dfrac{a - \tfrac{1}{2} c}{a + \tfrac{1}{2} c}}$

Unmittelbar aus der Figur würde sich ergeben:

2) $\varrho = \tfrac{1}{2} c \cdot \operatorname{tg} \tfrac{1}{2} A$, woraus sofort folgt:

3) $\varrho = a \cdot \cos A \cdot \operatorname{tg} \tfrac{1}{2} A$.

Für ein gleichseitiges Dreieck mit der Seite a findet man leicht 4) $\varrho = \tfrac{1}{6} a \sqrt{3}$.

§ 56. Es ist in manchen Fällen erwünscht, eine Relation zwischen den beiden Radien r und ϱ zu haben. Eine einfache erhält man durch Combination von § 51, Formel 1) und § 53, Formel 8). Aus jener folgt:

$$c = 2r \cdot \sin C, \text{ aus dieser}$$

$$c = \frac{\varrho \cdot \sin \tfrac{1}{2} (A + B)}{\sin \tfrac{1}{2} A \cdot \sin \tfrac{1}{2} B} = \frac{\varrho \cdot \cos \tfrac{1}{2} C}{\sin \tfrac{1}{2} A \cdot \sin \tfrac{1}{2} B},$$

aus beiden ergiebt sich:

$$\varrho = 4r \cdot \sin \tfrac{1}{2} A \cdot \sin \tfrac{1}{2} B \cdot \sin \tfrac{1}{2} C.$$

D. Auflösung der Vierecke und Polygone.

Vorbemerkung. Obwohl im Allgemeinen die Vierecke und Polygone trigonometrisch dadurch aufgelöst werden, dass man auf die Dreiecke, in welche man durch Ziehung von Diagonalen jene Figuren zerlegt, die Auflösungsformeln der Dreiecke anwendet, so mögen dennoch in Folgendem einige besonderen Fälle behandelt werden, welche theils einfache Formeln für die Bestimmung der nicht gegebenen Stücke ergeben, theils wegen ihrer Schwierigkeit in der Behandlung besondere Beachtung verdienen. Uebergangen werden hierbei die Parallelogramme, da ihre Auflösung sich unmittelbar auf die eines Dreiecks reduciren lässt.

§ 57. Es sei $ABCD$ ein beliebiges Viereck, seine Winkel mögen A, B, C, D heissen und seine Seiten AB, BC, CD, DA der Reihe nach mit a, b, c, d bezeichnet werden. Projicirt man eine Seite, etwa CD, auf die gegenüberliegende, so ist

Fig. 26.

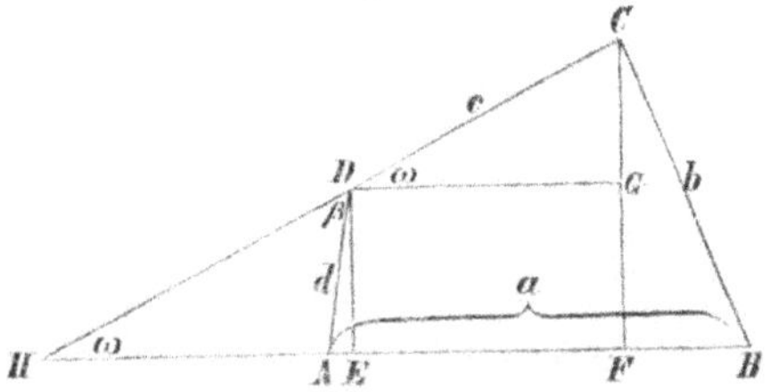

$$AB = a = BF + FE + EA.$$

Nun ist $BF = b \cdot \cos B$, $FE = c \cdot \cos \omega$, wenn ω der Winkel heisst, den CD mit AB macht, und $EA = d \cdot \cos A$. Ferner ist

$$\cos \omega = -\cos(B + C) = -\cos(A + D)$$

(vergl. § 16, Formel 1) und 3)). Man erhält also

$$1) \begin{cases} a = b \cdot \cos B - c \cos(B + C) + d \cdot \cos A \text{ oder} \\ a = b \cdot \cos B - c \cos(A + D) + d \cdot \cos A \end{cases}$$

d. h. in jedem Vierecke ist eine Seite gleich der Summe der Producte aus den beiden benachbarten Seiten und den Cosinus der Viereckswinkel, welche diese Seiten mit ihr bilden, vermindert um das Product der gegenüberliegenden Seite und dem Cosinus der Summe zweier benachbarten Winkel des Vierecks, von welchen einer der Seite anliegt.

Ebenso ist, wenn man noch $DG \perp CF$ zieht,
$CF = FG + GC$; es ist aber $CF = b \cdot \sin B$, $FG = d \cdot \sin A$ und $GC = c \cdot \sin \omega = c \cdot \sin(B + C) = -c \cdot \sin(A + D)$. Es ergiebt sich also

$$2)\begin{cases} b \cdot \sin B = d \cdot \sin A + c \cdot \sin (B + C) \text{ oder} \\ b \cdot \sin B = d \cdot \sin A - c \cdot \sin (A + D). \end{cases}$$

Giebt man diesen Gleichungen die Form

$$0 = b \sin B - c \cdot \sin (B + C) - d \cdot \sin A \text{ oder}$$
$$0 = b \sin B + c \cdot \sin (A + D) - d \cdot \sin A,$$

und setzt $0 = a \cdot \sin (A + B + C + D)$, so erhält man:

$$3)\begin{cases} a \cdot \sin (A+B+C+D) = b \cdot \sin B - c \cdot \sin (B+C) - d \cdot \sin A \\ a \cdot \sin (A+B+C+D) = d \cdot \sin A - c \cdot \sin (A+D) - b \cdot \sin B \end{cases}$$

d. h. in jedem Vierecke ist das Product einer Seite und des Sinus der Summe der Viereckswinkel gleich der Differenz der Producte aus den benachbarten Seiten und den Sinus der Viereckswinkel, welche diese Seiten mit ihr umschliessen, vermindert um das Product aus der gegenüberliegenden Seite und dem Sinus der Summe zweier benachbarten Viereckswinkel, von welchen der eine der ersten Seite anliegt und im Minuendus genannter Differenz vorkommt.

1. Zusatz. Setzt man in Formel 1) ebenso $a = a \cdot \cos (A + B + C + D)$, so erhält man dadurch eine ganz analoge Uebersetzung dieser Formel, wie sie für Formel 3) gegeben ist.

2. Zusatz. Diese beiden Formeln, welche den in § 39 und § 40 aufgestellten Grundformeln über das Dreieck ganz analog sind, drücken Beziehungen zwischen den 4 Seiten und 3 Winkeln des Vierecks aus; sind daher 5 Stücke gegeben, worunter wenigstens zwei Seiten enthalten sein müssen, so findet man aus diesen Formeln die übrigen Stücke. — Für besondere Fälle erhält man aus den vorhergehenden allgemeinen Formeln einfachere.

§ 58. Es sei z. B. $ABCD$ ein Paralleltrapez, in welchem $AB \parallel DC$; man erhält für dasselbe unter Berücksichtigung, dass sowohl $(B + C)$ als auch $(A + D)$ $= 2R$ sind, aus obigen Formeln die einfacheren

Fig. 27.

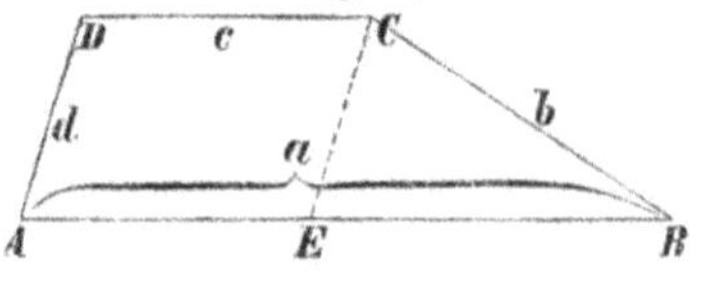

1) $a = b \cos B + d \cos A + c$ und

2) $b \sin B = d \sin A$.

Aus beiden erhält man nach einigen Umformungen

3) $d = \frac{(a - c) \sin B}{\sin (A + B)}$ und

4) $\cos A = \frac{(a - c)^2 + d^2 - b^2}{2 (a - c) \cdot d}$.

Die vier Formeln ergeben sich auch durch Betrachtung des Dreiecks BCE, in welchem $CE \parallel AD$ ist.

Zusatz. Da $\sin B = \sin C$ und $\sin A = \sin D$ ist, so kann die Formel 2) auch heissen

$$b \cdot \sin C = d \cdot \sin D$$

d. h., in einem Paralleltrapeze verhalten sich die nicht parallelen Seiten wie die Sinus der an einer der parallelen Seiten ihnen gegenüberliegenden Winkel.

§ 59. Kennt man von einem Vierecke die Winkel und zwei gegenüberliegende Seiten, a und c, so erhält man jede der beiden andern aus § 57, Formel 3). Es ist nämlich sowohl

$$0 = a \cdot \sin B - c \cdot \sin C - d \cdot \sin (B + A),$$

als auch $\quad 0 = a \cdot \sin A - c \cdot \sin D - b \cdot \sin (A + B)$.

Man erhält hieraus:

$$d = \frac{a \cdot \sin B - c \cdot \sin C}{\sin (A + B)} \text{ und } b = \frac{a \cdot \sin A - c \cdot \sin D}{\sin (A + B)}.$$

Um diese Formel zur logarithmischen Rechnung bequem zu machen, setze man

$$a \cdot \sin B - c \cdot \sin C = a \cdot \sin B \left(1 - \frac{c \cdot \sin C}{a \cdot \sin B}\right) \text{ und}$$

$$a \cdot \sin A - c \cdot \sin D = a \cdot \sin A \left(1 - \frac{c \cdot \sin D}{a \cdot \sin A}\right),$$

ferner $\frac{c \cdot \sin C}{a \cdot \sin B} = \operatorname{tg} \varphi$, $\frac{c \cdot \sin D}{a \cdot \sin A} = \operatorname{tg} \psi$ und $1 = \operatorname{tg} 45^0$.

Durch Anwendung von § 28, Formel 19) erhält man alsdann

$$d = \frac{a \sqrt{2} \cdot \sin B \cdot \sin (45^0 - \varphi)}{\sin (A + B) \cdot \cos \varphi}, \quad b = \frac{a \sqrt{2} \cdot \sin A \cdot \sin (45^0 - \psi)}{\sin (A + B) \cdot \cos \psi}.$$

§ 60. In gleicher Weise erhält man eine einfache Formel für den Fall, dass man aus den Winkeln und zwei benachbarten Seiten die anderen Seiten berechnen soll. Sind a und b die gegebenen Seiten, so erhält man ebenfalls nach § 57, Formel 3)

$$c = \frac{a \cdot \sin A - b \sin (A + B)}{\sin D}, \quad d = \frac{b \cdot \sin C - a \cdot \sin (B + C)}{\sin A}.$$

Setzt man auch hier

$$\frac{b \cdot \sin(A + B)}{a \cdot \sin A} = \operatorname{tg} \varphi, \quad \frac{a \cdot \sin(B + C)}{b \cdot \sin C} = \operatorname{tg} \psi,$$

so ergiebt sich:

$$c = \frac{a\sqrt{2} \sin A \cdot \sin(45^0 - \varphi)}{\sin D \cdot \cos \varphi}, \quad d = \frac{b \cdot \sqrt{2} \sin C \cdot \sin(45^0 - \psi)}{\sin A \cdot \cos \psi}.$$

§ 61. Aus 3 Seiten und den beiden eingeschlossenen Winkeln eines Vierecks ergiebt die Anwendung der in § 57 aufgestellten Hauptformeln

$$\operatorname{tg} A = \frac{b \cdot \sin B - c \cdot \sin(B + C)}{a - [b \cdot \cos B - c \cdot \cos(B + C)]}.$$

Anmerkung. Man vergleiche mit dieser die separirte Tangentenformel für die Auflösung der Dreiecke (§ 46).

§ 62. Eine fernere, für jedes Viereck geltende Grundformel wird erhalten, wenn man eine Diagonale des Vierecks durch die übrigen Stücke in beiden Dreiecken ausdrückt. Heisst die Diagonale m, welche den Winkeln B und D gegenüberliegen möge, so ist

$$m^2 = a^2 + b^2 - 2ab \cdot \cos B = c^2 + d^2 - 2cd \cdot \cos D;$$

durch Ziehung der anderen Diagonale erhält man

$$b^2 + c^2 - 2bc \cdot \cos C = d^2 + a^2 - 2da \cdot \cos A.$$

Sind von den sechs in diesen Formeln enthaltenen Stücken fünf (worunter zwei Seiten) gegeben, so erhält man aus ihnen das sechste.

§ 63. Wendet man dieselbe auf ein Kreisviereck an, dessen Seiten gegeben sind, so ist, weil $B + D = 2R$ ist,

$$a^2 + b^2 - 2ab \cdot \cos B = c^2 + d^2 + 2cd \cdot \cos B, \text{ also}$$

$$\cos B = \frac{a^2 + b^2 - c^2 - d^2}{2(ab + cd)}.$$

Entwickelt man hieraus $\cos \frac{1}{2} B$ und $\sin \frac{1}{2} B$, so findet man

$$\cos \tfrac{1}{2} B = \sqrt{\frac{(s - c)(s - d)}{ab + cd}},$$

$$\sin \tfrac{1}{2} B = \sqrt{\frac{(s - a)(s - b)}{ab + cd}}, \text{ und hieraus}$$

$$\operatorname{tg} \tfrac{1}{2} B = \sqrt{\frac{(s - a)(s - b)}{(s - c)(s - d)}},$$

wenn $s = \frac{1}{2}(a + b + c + d)$ gesetzt wird.

§ 64. Zur Berechnung des Flächeninhaltes der Vierecke legt man die Formel zu Grunde

1) $F = \frac{1}{2}(ab \cdot \sin B + cd \cdot \sin D)$

und berechnet in den einzelnen Fällen die Stücke, welche zur Anwendung dieser Formel noch fehlen.

Für ein Kreisviereck erhält man hierfür die einfachere Formel

$$F = \tfrac{1}{2} \sin B\,(ab + cd).$$

Setzt man nun $\sin B = 2 \sin \frac{1}{2} B \,.\, \cos \frac{1}{2} B$ und hierin die in § 63 angegebenen Werthe, so erhält man für den Flächeninhalt eines Kreisvierecks die Formel

2) $F = \sqrt{(s-a)(s-b)(s-c)(s-d)}$.

Auch ist es oft zweckmässig, aus den gegebenen Stücken eines Vierecks seine Diagonalen und den Winkel zu berechnen, den dieselben mit einander machen. Es ist nämlich leicht zu sehen, dass, wenn m und n die Diagonalen sind und μ ihr Winkel, der Flächeninhalt gefunden wird durch die Formel

3) $F = \frac{1}{2} mn \cdot \sin \mu$.

Zusatz. Bei Paralleltrapezen wendet man bekanntlich zur Inhaltsbestimmung einfache Wege an.

§ 65. Eine gewisse Berühmtheit hat in den Lehrbüchern der Trigonometrie die sogenannte Pothenot'sche Aufgabe: Von einem Vierecke sind 2 Seiten und der von diesen Seiten eingeschlossene Winkel, sowie die beiden Winkel bekannt, welche die durch den gegebenen Winkel gezogene Diagonale mit den beiden anderen Seiten macht.

Fig. 28.

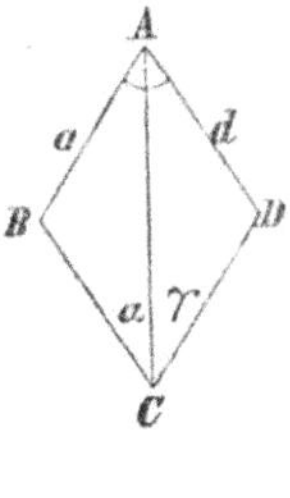

Auflösung. Es seien gegeben die Seiten a und d, und die Winkel A, α und γ. Zur Lösung setze man $\sphericalangle B = x$, $\sphericalangle D = y$. Nun ist $x + y = 4R - (A + \alpha + \gamma)$ bekannt; setzt man daher diese Summe $= \lambda$, so ist $y = \lambda - x$ und man hat:

$$AC = \frac{a \cdot \sin x}{\sin \alpha} = \frac{d \sin(\lambda - x)}{\sin \gamma}, \text{ also}$$

$$\frac{a \cdot \sin x}{d \cdot \sin \alpha} = \frac{\sin \lambda \cdot \cos x - \cos \lambda \cdot \sin x}{\sin \gamma}.$$

Dividirt man auf beiden Seiten durch $\sin x$, so erhält man

$$\operatorname{cotg} x = \operatorname{cotg} \lambda + \frac{a \cdot \sin \gamma}{d \cdot \sin \alpha \cdot \sin \lambda}.$$

Aus dieser Formel erhält man x, folglich auch sofort y, und findet dann leicht AC, BC und DC.

Zur Erlangung einer für logarithmische Rechnung bequemen Formel setze man entweder $\frac{a \cdot \sin\gamma}{d \cdot \sin\alpha \cdot \sin\lambda} = \operatorname{cotg} k$, wodurch man erhält $\operatorname{cotg} x = \operatorname{cotg}\lambda + \operatorname{cotg} k = \frac{\sin(k+\lambda)}{\sin k \cdot \sin\lambda}$, oder man gehe überhaupt in der Entwicklung einer Formel einen ganz anderen Weg. Man suche z. B., da $x + y = \lambda$ bekannt ist, $x - y$ zu bestimmen. Setzt man zu dem Ende $x - y = \delta$ und folglich $x = \frac{1}{2}(\lambda + \delta)$ und $y = \frac{1}{2}(\lambda - \delta)$, so erhält man

$$\frac{a \cdot \sin\frac{1}{2}(\lambda+\delta)}{\sin\alpha} = \frac{d \cdot \sin\frac{1}{2}(\lambda-\delta)}{\sin\gamma},$$

oder mit Anwendung von § 28, Formel 11)

$$\frac{a(\operatorname{tg}\frac{1}{2}\lambda + \operatorname{tg}\frac{1}{2}\delta)}{\sin\alpha} = \frac{d(\operatorname{tg}\frac{1}{2}\lambda - \operatorname{tg}\frac{1}{2}\delta)}{\sin\gamma}.$$

Hieraus erhält man die Proportion

$$\operatorname{tg}\tfrac{1}{2}\lambda + \operatorname{tg}\tfrac{1}{2}\delta : \operatorname{tg}\tfrac{1}{2}\lambda - \operatorname{tg}\tfrac{1}{2}\delta = \frac{d \cdot \sin\alpha}{a \cdot \sin\gamma} : 1.$$

Setzt man hierin $\frac{d \cdot \sin\alpha}{a \cdot \sin\gamma} = \operatorname{tg}\varphi$ und $1 = \operatorname{tg} 45^0$, so erhält man

$$\operatorname{tg}\tfrac{1}{2}\lambda + \operatorname{tg}\tfrac{1}{2}\delta : \operatorname{tg}\tfrac{1}{2}\lambda - \operatorname{tg}\tfrac{1}{2}\delta = \operatorname{tg}\varphi : \operatorname{tg}45^0 \text{ oder}$$

$$\begin{aligned}\operatorname{tg}\tfrac{1}{2}\lambda : \operatorname{tg}\tfrac{1}{2}\delta &= \operatorname{tg}\varphi + \operatorname{tg}45^0 : \operatorname{tg}\varphi - \operatorname{tg}45^0 \\ &= \sin(\varphi + 45^0) : \sin(\varphi - 45^0) \\ &= \cos(\varphi - 45^0) : \sin(\varphi - 45^0)\end{aligned} \quad (\S 28, 14))$$

und endlich:

$$\operatorname{tg}\tfrac{1}{2}\delta = \operatorname{tg}\tfrac{1}{2}\lambda \cdot \operatorname{tg}(\varphi - 45^0).$$

1. Zusatz. Für δ, also auch für x und y ergiebt sich kein bestimmter Werth, wenn $\frac{1}{2}\lambda = 90^0$ oder $x + y = 2R$ ist, weil dann $\operatorname{tg}\frac{1}{2}\lambda = \infty$ sein würde. Dieselbe Unbestimmtheit liegt in der zuerst entwickelten Formel, weil dort $\operatorname{cotg}\lambda = \operatorname{cotg} 2R$ ebenfalls $= \infty$ wird, und ausserdem $\sin\lambda = 0$.

2. Zusatz. Ist $\alpha + \gamma = 2R$, so erhält man einfacher

$$a \sin x = d \cdot \sin(\alpha + x), \text{ woraus folgt}$$

$$\operatorname{tg} x = \frac{d \cdot \sin\alpha}{a - d \cdot \cos\alpha}.$$

(Vergleiche die separirte Tangentenformel § 46.)

§ 66. Zum Schlusse dieses Abschnittes möge noch erwähnt werden, dass, wenn a die Seite, r und ϱ die Radien des um-

und eingeschriebenen Kreises, und F den Flächeninhalt eines regulären Polygons von n Seiten bezeichnen, sich folgende Gleichungen leicht ergeben:

$$1)\ r = \frac{\frac{1}{2}a}{\sin\frac{1}{n}\cdot 2R},\quad 2)\ \varrho = \tfrac{1}{2}a\cdot\operatorname{cotg}\frac{1}{n}\cdot 2R \text{ und}$$

$$3)\ F = \tfrac{1}{4}n\cdot a^2\cdot\operatorname{cotg}\frac{1}{n}\cdot 2R.$$

E. Beispiele practischer Auflösung trigonometrischer Aufgaben.

Vorbemerkung. In den folgenden Rechnungen sind die siebenstelligen logarithmisch-trigonometrischen Tabellen von Bremiker (Weidmann'sche Verlagshandlung zu Berlin) gebraucht worden. Die Winkel sind in der Regel nur bis auf eine Decimalstelle in den Secunden angegeben; die zweite ist in den meisten Fällen, wo sie berechnet worden, nur für die Approximation der ersten berücksichtigt.

Zu den Stücken eines Dreiecks, welche gegeben oder gesucht sein können, rechnet man ausser Seiten und Winkel in der Regel auch noch seinen Flächeninhalt und die Radien des umschriebenen und eingeschriebenen Kreises (vergl. § 50, Vorbem.). Es sollen daher auch diese Stücke in den folgenden Beispielen berücksichtigt werden.

§ 67. Von einem rechtwinkligen Dreiecke seien gegeben die beiden Katheten, $b = 19{,}301$ $c = 11{,}379$; die übrigen Stücke zu berechnen.

Auflösung. Nach § 34 ist (1) $\operatorname{tg} B = \frac{b}{c}$, also

$\log \operatorname{tg} B = \log b - \log c$ 2) $a = \frac{c}{\cos B}$

$\log b = 1{,}2855798$	$\log c = 1{,}0561041$
$\log c = 1{,}0561041$	$\log \cos B = 9{,}7057479$
$\log \operatorname{tg} B = 0{,}2294757$	$\log a = 1{,}3503562$
$B = 59^0\ 28'\ 41'',9$	$a = 22{,}4056$
$C = 30^0\ 31'\ 18'',1$	3) $r = 11{,}2028$

4) $F = \frac{1}{2}bc$

$\log b = \quad 1{,}2855798$

$\log c = \quad 1{,}0561041$

$-\log 2 = -0{,}3010300$

$\log F = 2{,}0406539$[1])

[1]) Bei wenigen Gliedern einer algebraischen Summe vollziehe man die Subtraction und Addition mit einem Male; man bilde etwa nicht

$F = 109,81$

5) Nach § 54 ist $\varrho = 4,1372$; mit Anwendung der Winkel B und C ist nach § 54, Formel 3):

$$\varrho = \frac{c \cdot \sin \frac{1}{2} B}{\cos \frac{1}{2} C \cdot \sqrt{2}}; \ \tfrac{1}{2} B = 29^0\, 44'\, 20'', 95,$$

$$\tfrac{1}{2} C = 15^0\, 15'\, 39'', 05$$

$$\begin{array}{rl} \log c = & 1,0561041 \\ \log \sin \frac{1}{2} B = & 9,6955273 \\ -\log \cos \frac{1}{2} C = & -9,9844092 \\ -\frac{1}{2} \log 2 = & -0,1505150 \\ \hline \log \varrho = & 0,6167072 \end{array}$$

$\varrho = 4,1372$ (wie oben).

§ 68. Von einem rechtwinkligen Dreiecke seien gegeben die Hypotenuse $a = 122,4$ und die Kathete $b = 93,5$; wie gross sind die übrigen Stücke?

Auflösung. Mit Zugrundelegung der Formeln in § 35 erhält man:

1) $c = \sqrt{(a + b)(a - b)} = \sqrt{215,9 .\ 28,9}$

$$\begin{array}{rl} \log (a + b) = & 2,3342526 \\ \log (a - b) = & 1,4608978 \\ \hline 2 \log c = & 3,7951504 \\ \log c = & 1,8975752 \\ c = & 78,991 \end{array}$$

2)

$$\begin{array}{rl} \log b = & 1,9708116 \\ -\log a = & -2,0877814 \\ \hline \log \sin B = & 9,8830302 \\ \sphericalangle B = & 49^0 48' 29'',7 \\ \sphericalangle C = & 40^0 11' 30'',3 \end{array}$$

3) Nach § 50, Formel 6) erhält man F durch folgende Rechnung:

$$\begin{array}{rl} \log c = \log \sqrt{(a + b)(a - b)} = & 1,8975752 \\ \log b = & 1,9708116 \\ -\log 2 = & -0,3010300 \\ \hline \log F = & 3,5673568 \\ F = & 3692,8 \end{array}$$

4) r ist als halbe Hypotenuse unmittelbar gegeben:

$r = 61,2.$

---

erst die Summe von $\log b$ und $\log c$, um dann $\log 2$ davon abzuziehen.

5) ϱ wird am Besten nach § 54, Formel 2) berechnet:

$$\varrho = a\sqrt{2} \cdot \sin \tfrac{1}{2} B \cdot \sin \tfrac{1}{2} C.$$

Es ist $\frac{1}{2} B = 24^0\ 54'\ 14'',85$, $\frac{1}{2} C = 20^0\ 5'\ 45'',15$.

$$\begin{aligned} \log a &= 2{,}0877814 \\ \log \sin \tfrac{1}{2} B &= 9{,}6243864 \\ \log \sin \tfrac{1}{2} C &= 9{,}5360432 \\ \tfrac{1}{2} \log 2 &= 0{,}1505150 \\ \hline \log \varrho &= 1{,}3987260 \\ \varrho &= 25{,}045 \end{aligned}$$

§ 69. Von einem rechtwinkligen Dreiecke kennt man die Hypotenuse $a = 2{,}3456$ und den spitzen Winkel $B = 71^0\ 33'\ 14'',8$; wie gross sind die übrigen Stücke?

Auflösung. Es ist 1) $\sphericalangle\ C = 18^0\ 26'\ 45'',2$.

2) $c = a \cdot \cos B$ und

$$\begin{aligned} \log a &= 0{,}3702540 \\ \log \cos B &= 9{,}5002487 \\ \hline \log c &= 9{,}8705027 \\ c &= 0{,}74217 \end{aligned}$$

und

3) $b = a \cdot \sin B$

$$\begin{aligned} \log a &= 0{,}3702540 \\ \log \sin B &= 9{,}9770936 \\ \hline \log b &= 0{,}3473476 \\ b &= 2{,}22509 \end{aligned}$$

4) Nach § 50, Formel 7) ist

$F = \frac{1}{4} a^2 \sin 2 B$; es ist aber $2 B = 143^0\ 6'\ 29'',6$, $\sin 2 B = \sin 36^0\ 53'\ 30'',4$

$$\begin{aligned} \log (a^2) = 2 \log a &= 0{,}7405080 \\ \log \sin 2 B &= 9{,}7783723 \\ - \log 4 &= -0{,}6020600 \\ \hline \log F &= 9{,}9168203 \\ F &= 0{,}82570. \end{aligned}$$

5) $r = \frac{1}{2} a = 1{,}1728$.

6) Aus den berechneten Katheten und der gegebenen Hypotenuse findet man nach § 54

$$\varrho = 0{,}31083;$$

nach Formel 2) in demselben Paragraphen ist

$$\varrho = a\sqrt{2} \cdot \sin \tfrac{1}{2} B \cdot \sin \tfrac{1}{2} C.$$

Es ist $\frac{1}{2} B = 35^0\ 46'\ 37'',4$; $\frac{1}{2} C = 9^0\ 13'\ 22'',6$

$$\begin{aligned}
\log a &= 0{,}3702540 \\
\log \sqrt{2} &= 0{,}1505150 \\
\log \sin \tfrac{1}{2} B &= 9{,}7668832 \\
\log \sin \tfrac{1}{2} C &= 9{,}2048698 \\
\hline
\log \varrho &= 9{,}4925220 \\
\varrho &= 0{,}31083.
\end{aligned}$$

§ 70. **Von einem rechtwinkligen Dreiecke kennt man eine Kathete** $c = 73{,}9$, **und den anliegenden spitzen Winkel** $B = 53^0\ 0'\ 27'',4$; **wie gross sind die übrigen Stücke?**

Auflösung. Es ist 1) $C = 36^0\ 59'\ 32'',6$

2) $a = \dfrac{c}{\cos B}$ und

$$\begin{aligned}
\log c &= 1{,}8686444 \\
-\log \cos B &= -9{,}7793865 \\
\hline
\log a &= 2{,}0892579 \\
a &= 122{,}817
\end{aligned}$$

3) $b = c \cdot \operatorname{tg} B$.

$$\begin{aligned}
\log c &= 1{,}8686444 \\
\log \operatorname{tg} B &= 0{,}1230056 \\
\hline
\log b &= 1{,}9916500 \\
b &= 98{,}0957
\end{aligned}$$

4) Nach § 50, Formel 8) ist

$$F = \tfrac{1}{2} c^2 \operatorname{tg} B$$

$$\begin{aligned}
2 \log c &= 3{,}7372888 \\
\log \operatorname{tg} B &= 0{,}1230056 \\
-\log 2 &= -0{,}3010300 \\
\hline
\log F &= 3{,}5592644
\end{aligned}$$

5) $r = \tfrac{1}{2} a = 61{,}409$

6) Aus der gegebenen Kathete c und den berechneten Werthen der Hypotenuse und der anderen Kathete ist nach § 54

$$\varrho = 24{,}589$$

Unabhängig erhält man ϱ aus c und B nach § 54, Formel 3):

$\varrho = \dfrac{c \cdot \sin \frac{1}{2} B}{\sqrt{2} \cdot \cos \frac{1}{2} C}$; nun ist $\tfrac{1}{2} B = 26^0\ 30'\ 13'',7$

$\tfrac{1}{2} C = 18^0\ 29'\ 46'',3$, also

$$\begin{aligned}
\log c &= 1{,}8686444 \\
\log \sin \tfrac{1}{2} B &= 9{,}6495853 \\
-\log \cos \tfrac{1}{2} C &= -9{,}9769662 \\
-\log \sqrt{2} &= -0{,}1505150 \\
\hline
\log \varrho &= 1{,}3907485 \\
\varrho &= 24{,}589 \text{ (wie vorhin).}
\end{aligned}$$

§ 71. **Von einem gleichschenkligen Dreiecke kennt man den Schenkel** $a = 13$ **und die Grundlinie** $c = 19$; **wie gross sind** F, r **und** ϱ?

Auflösung. 1) Nach § 50, Formel 9) ist

$$F = \tfrac{1}{2}c\sqrt{(a+\tfrac{1}{2}c)(a-\tfrac{1}{2}c)},\quad \tfrac{1}{2}c = 9{,}5;\quad a+\tfrac{1}{2}c = 22{,}5;$$

$$a-\tfrac{1}{2}c = 3{,}5$$

$$\begin{aligned}
\log(a+\tfrac{1}{2}c) &= 1{,}3521825\\
\log(a-\tfrac{1}{2}c) &= 0{,}5440680\\
&\overline{\;1{,}8962505:2 =}\\
&\;\;0{,}9481252\\
\log\tfrac{1}{2}c &= 0{,}9777236\\
\log F &= 1{,}9258488\\
F &= 84{,}304
\end{aligned}$$

2) Nach § 52, Formel 3) ist

$$r = \frac{a^2}{2\sqrt{(a+\tfrac{1}{2}c)(a-\tfrac{1}{2}c)}};\ \text{nun ist}$$

$$\begin{aligned}
-\log\sqrt{(a+\tfrac{1}{2}c)(a-\tfrac{1}{2}c)} &= -\,0{,}9481252\\
-\log 2 &= -\,0{,}3010300\\
2\log a &= \quad 2{,}2278868\\
\log r &= \quad 0{,}9787316\\
r &= \quad 9{,}5221
\end{aligned}$$

3) Nach § 55, Formel 1) ist

$$\varrho = \tfrac{1}{2}c\sqrt{\frac{a-\tfrac{1}{2}c}{a+\tfrac{1}{2}c}}$$

$$\begin{aligned}
\log(a-\tfrac{1}{2}c) &= \quad 0{,}5440680\\
-\log(a+\tfrac{1}{2}c) &= -\,1{,}3521825\\
&\quad 9{,}1918855:2 =\\
&\quad 9{,}5909427\\
\log\tfrac{1}{2}c &= 0{,}9777236\\
\log\varrho &= 0{,}5686663\\
\varrho &= 3{,}7039
\end{aligned}$$

§ 72. **Von einem gleichschenkligen Dreiecke kennt man den Schenkel $a = 1{,}2345$ und den Winkel an der Spitze $C = 95^0\,27'\,14'',8$; wie gross sind die übrigen Stücke?**

Auflösung. 1) Die Winkel A und B ergeben sich aus dem gegebenen Winkel C unmittelbar: ∡ $A = B = 42^0\,16'\,22'',6$.

2) Die Grundlinie $c = 2a \cdot \sin \frac{1}{2} C$; $\frac{1}{2} C = 47^0\ 43'\ 37'',4$

$\log \sin \frac{1}{2} C = 9{,}8692017$
$\log 2\,a = 0{,}3925211$
$\log c = 0{,}2617228$
$c = 1{,}8269$

3) $F = \frac{1}{2} a^2 \sin C$

$2 \log a = 0{,}1829822$
$\log \sin C = 9{,}9980293$
$-\log 2 = -0{,}3010300$
$\log F = 9{,}8799815$
$F = 0{,}758545$

4) Nach § 52, Formel 1) ist

$$r = \frac{\frac{1}{2} a}{\sin A} = \frac{\frac{1}{2} a}{\cos \frac{1}{2} C}.$$

$\log \frac{1}{2} a = 9{,}7904611$
$-\log\cos \frac{1}{2} C = -9{,}8279366$
$\log r = 9{,}9625245$
$r = 0{,}91733$

5) Nach § 55, Formel 3) ist

$\varrho = a \cdot \cos A \cdot \operatorname{tg} \frac{1}{2} A.$

Es ist nun

$\frac{1}{2} A = 23^0\ 51'\ 48'',7$, also:

$\log \frac{1}{2} a = 9{,}7904611$
$\log \cos A = 9{,}8692017$
$\log \operatorname{tg} \frac{1}{2} A = 9{,}6457932$
$\log \varrho = 9{,}3054560$
$\varrho = 0{,}20205.$

§ 73. **Von einem gleichschenkligen Dreiecke kennt man die Grundlinie $c = 0{,}98765$ und den Winkel an der Spitze $C = 73^0 1' 0'',6$; wie gross sind die übrigen Stücke?**

Auflösung. 1) Die Winkel A und B lassen sich unmittelbar bestimmen; es ist $\sphericalangle\, A = B = 53^0\ 29'\ 29'',7$,

2) $a = \frac{\frac{1}{2} c}{\sin \frac{1}{2} C}$, $\frac{1}{2} C = 36^0\ 30'\ 30'',3$, $\frac{1}{2} c = 0{,}493825$

$\log \frac{1}{2} c = 9{,}6935731$
$-\log\sin \frac{1}{2} C = -9{,}7744738$
$\log a = 9{,}9190993$
$a = 0{,}83004$

3) Nach § 50, Formel 8) ist

$F = \frac{1}{2} c^2 \operatorname{tg} B = \frac{1}{2} c^2 \operatorname{cotg} \frac{1}{2} C$

$2 \log c = 9{,}9892062$
$\log \operatorname{cotg} \frac{1}{2} C = 0{,}1306577$
$-\log 2 = -0{,}3010300$
$\log F = 9{,}8188339$
$F = 0{,}65892$

4) Nach § 52, Formel 2) ist

$$r = \frac{\frac{1}{2} c}{\sin C}$$

$\log \frac{1}{2} c = 9{,}6935731$
$-\log \sin C = -9{,}9806353$
$\log r = 9{,}7129378$
$r = 0{,}51634$

5) Nach § 55, Formel 2 ist

$\varrho = \frac{1}{2} c \cdot \operatorname{tg} \frac{1}{2} A;$

$\frac{1}{2} A = 26^0\ 44'\ 44'',85$

$\log \frac{1}{2} c = 9{,}6935731$
$\log \operatorname{tg} \frac{1}{2} A = 9{,}7023869$
$\log \varrho = 9{,}3959600$
$\varrho = 0{,}24886$

§ 74. Von einem Dreiecke kennt man 2 Seiten und einen Gegenwinkel: $a = 33{,}479$, $b = 47{,}013$ und Winkel $A = 37^0\,27'\,33'',4$; wie gross sind die übrigen Stücke?

Auflösung. 1) Nach dem Sinussatze findet man zunächst $\sin B = \frac{\sin A \cdot b}{a}$; weil aber durch den Sinus der Winkel in sofern noch unbestimmt bleibt, als man daraus sowohl einen zugehörigen spitzen Winkel als auch dessen Nebenwinkel ableiten kann (§ 16), so ergiebt hier die trigonometrische Berechnung dieselbe Zweideutigkeit, welche die geometrische Construction eines Dreiecks aus diesen gegebenen Stücken ergeben würde, wenn der gegebene Winkel der kleinern der gegebenen Seiten gegenüberliegt. Ob in den Fällen, in welchen ein Winkel durch seinen Sinus bestimmt ist, der stumpfe Winkel genommen werden darf oder muss, ergiebt die Vergleichung der gegebenen Winkel und Seiten nach dem geometrischen Lehrsatze, dass der grösseren Seite der grössere Winkel gegenüberliegt, und umgekehrt.

Es ist nun im vorliegenden Falle

$$\begin{aligned} \log \sin A &= 9{,}7840446 \\ \log b &= 1{,}6722180 \\ -\log a &= -1{,}5247725 \\ \hline \log \sin B &= 9{,}9314901 \end{aligned}$$

; hieraus ist entweder

$$\sphericalangle B = 58^0\,39'\,23'',1 \text{ oder } \sphericalangle B = 121^0\,20'\,36'',9$$

dann ist

$$\sphericalangle C = 83^0\,53'\,3'',5 \text{ oder } \sphericalangle C = 21^0\,11'\,49'',7$$

2) Nach dem Sinussatze ist ferner

$$c = \frac{a \cdot \sin C}{\sin A},$$

woraus je aus dem verschiedenen Werthe von $\sphericalangle C$ auch ein verschiedenes c folgt.

$\log \sin C =$	9,9975213	9,5582020
$\log a =$	1,5247725	1,5247725
$-\log \sin A =$	$-$ 9,7840446	$-$9,7840446
$\log c =$	1,7382492	1,2989299
$c =$	54,733 oder $c =$	19,904

3) Zur Berechnung des Flächeninhaltes wendet man § 50, Formel 1) an, nämlich $F = \frac{1}{2}\,bc \cdot \sin A$. Aus den zwei Werthen

von c ergeben sich auch hier zwei Werthe für F. Es ist

$\log b =$	1,6722180	1,6722180
$\log c =$	1,7382492	1,2989299[1]
$\log \sin A =$	9,7840446	9,7840446
$- \log 2 =$	— 0,3010300	— 0,3010300
$\log F =$	2,8934818	2,4541625
$F =$	782,50 oder	$F =$ 284,55.

4) Für $r = \frac{\frac{1}{2} a}{\sin A}$ (§ 51, Formel 1)) tritt keine Zweideutigkeit ein. Es ist:

$\log \frac{1}{2} a =$	1,2237425
$- \log A =$	— 9,7840446
$\log r =$	1,4396979
$r =$	27,523

5) Nach § 53, Formel 8) ist

$\varrho = \frac{c \cdot \sin \frac{1}{2} A \cdot \sin \frac{1}{2} B}{\cos \frac{1}{2} C}$, woraus abermals zwei Werthe folgen.

Es ist

$\frac{1}{2} A =$	$18^0\ 43'\ 46'',7$	$18^0\ 43'\ 46'',7$
$\frac{1}{2} B =$	$29^0\ 19'\ 41'',55$	$60^0\ 40'\ 18'',45$
$\frac{1}{2} C =$	$41^0\ 56'\ 31'',75$	$10^0\ 35'\ 54'',85$

$\log c =$	1,7382492	1,2989299
$\log \sin \frac{1}{2} A =$	9,5066443	9,5066443
$\log \sin \frac{1}{2} B =$	9,6900292	9,9404310
$- \log \cos \frac{1}{2} C =$	— 9,8714679	— 9,9740813
$\log \varrho =$	1,0634548	0,7719239
$\varrho =$	11,573 oder	$\varrho =$ 0,59146.

§ 75. Von einem Dreiecke kennt man eine Seite $c = 913,45$ und die anliegenden Winkel $A = 47^0\ 29'\ 11'',3$, $\sphericalangle B = 64^0\ 56'\ 17'',8$; wie gross sind die übrigen Stücke?

Auflösung. $\sphericalangle C = 67^0\ 34'\ 30'',9$. Die Seiten a und b findet man entweder durch zweimalige Anwendung des Sinussatzes, oder man bestimmt $b + a$ und $b - a$ durch Anwendung der Mollweide'schen Formeln (§ 43).

[1]) Man schlage hier nicht zu den berechneten Werthen von c die Logarithmen auf, suche also nicht log 54,733 und log 19,904, sondern nehme die in der vorhergehenden Rechnung entstandenen Logarithmen 1,7382492 und 1,2989299, aus denen die annähernden Werthe für c bestimmt sind.

Erste Methode.

1) $a = \frac{c \cdot \sin A}{\sin C}$ 2) $b = \frac{c \cdot \sin B}{\sin C}$

$\log c =$	2,9606848	$\log c =$	2,9606848
$\log \sin A =$	9,8675369	$\log \sin B =$	9,9570574
$-\log \sin C =$	$-$ 9,9658512	$-\log \sin C =$	$-$ 9,9658512
$\log a =$	2,8623705	$\log b =$	2,9518910
$a =$	728,40	$b =$	895,14

Zweite Methode.

1) $b + a = \frac{c \cdot \cos \frac{1}{2}(B - A)}{\cos \frac{1}{2}(B + A)}$ [1] 2) $b - a = \frac{c \cdot \sin \frac{1}{2}(B - A)}{\sin \frac{1}{2}(B + A)}$.

$(B + A) = 112^0\,25'\,29'',1$ $\frac{1}{2}(B + A) = 56^0\,12'\,44'',55$

$(B - A) = 17^0\,27'\,6'',5$ $\frac{1}{2}(B - A) = 8^0\,43'\,33'',25$

$\log c =$	2,9606848	$\log c =$	2,9606848
$\log \cos \frac{1}{2}(B - A) =$	9,9949439	$\log \sin \frac{1}{2}(B - A) =$	9,1810075
$-\log \cos \frac{1}{2}(B + A) =$	$-$9,7451655	$-\log \sin \frac{1}{2}(B + A) =$	$-$9,9196557
$\log (b + a) =$	3,2104632	$\log (b - a) =$	2,2220366
$b + a =$	1623,54	$b - a =$	166,74

$b = 895,14$ und $a = 728,40$

3) Nach § 50, Formel 2) ist

$$F = \frac{c^2 \cdot \sin A \cdot \sin B}{2 \sin (A + B)} = \frac{c^2 \cdot \sin A \cdot \sin B}{2 \sin C}$$

$2 \log c =$	5,9213696
$\log \sin A =$	9,8675369
$\log \sin B =$	9,9570574
$-\log \sin C =$	$-$ 9,9658512
$-\log 2 =$	$-$ 0,3010300
$\log F =$	5,4790827
$F =$	601291,0

4) $r = \frac{\frac{1}{2} c}{\sin C}$

$\log c =$	2,9606848
$-\log \sin C =$	$-$ 9,9658512
$-\log 2 =$	$-$ 0,3010300
$\log r =$	2,6938036
$r =$	494,087

5) Nach § 53, Formel 8) ist:

$$\varrho = \frac{c \cdot \sin \frac{1}{2} A \cdot \sin \frac{1}{2} B}{\cos \frac{1}{2} C}.$$

Es ist nun $\frac{1}{2} A = 23^0\,44'\,35'',65$, $\frac{1}{2} B = 32^0\,28'\,8'',9$

$\frac{1}{2} C = 33^0\,47'\,15'',45$

[1] Es bedarf kaum der Bemerkung, dass man, um negative Grössen zu vermeiden, in der Differenz $b - a$ und also auch in $B - A$ die grössere Seite oder den grösseren Winkel voransetzt.

$$\begin{aligned} \log c &= 2{,}9606848 \\ \log \sin \tfrac{1}{2} A &= 9{,}6049154 \\ \log \sin \tfrac{1}{2} B &= 9{,}7298492 \\ -\log \cos \tfrac{1}{2} C &= -9{,}9196557 \\ \hline \log \varrho &= 2{,}3757937 \\ \varrho &= 237{,}571. \end{aligned}$$

§ 76. **Von einem Dreiecke seien gegeben 2 Seiten und der eingeschlossene Winkel:** $b = 0{,}5783462$, $c = 0{,}9013018$ **und** $\sphericalangle A = 85^0\,37'\,41'',78$; **wie gross sind die übrigen Stücke?**

1. **Auflösung.** Will man zunächst die dritte Seite a berechnen, so folgen aus den in § 47 und Zusatz angegebenen Formeln 4) für logarithmische Rechnung bequeme Methoden, denen allen die Cosinusformel zu Grunde liegt.

1. **Methode.** $a = \sqrt{(b + c + p)(b - c + p)}$, wenn $p = 2 \cos \frac{1}{2} A \cdot \sqrt{bc}$

$$\begin{aligned} \tfrac{1}{2} A &= 42^0\,48'\,50'',89 \\ \log b &= 9{,}7621879 \\ \log c &= 9{,}9548703 \\ \hline &9{,}7170582 : 2 = \\ \log \sqrt{bc} &= 9{,}8585291 \\ \log 2 &= 0{,}3010300 \\ \log \cos \tfrac{1}{2} A &= 9{,}8654370 \\ \hline \log p &= 0{,}0249961 \\ p &= 1{,}059244 \end{aligned}$$

$$\begin{aligned} p &= 1{,}059244 \\ b &= 0{,}5783462 \\ c &= 0{,}9013018 \\ \hline b + c + p &= 2{,}5388920 \\ b + c - p &= 0{,}4204040 \\ \log (b + c + p) &= 0{,}4046441 \\ \log (b + c - p) &= 9{,}6236668 \\ \hline 2 \log a &= 0{,}0283109 \\ \log a &= 0{,}0141555 \\ a &= 1{,}033131 \end{aligned}$$

2. **Methode.** $a = (b + c) \cos \varphi$, wenn

$$\sin \varphi = \frac{2\sqrt{bc} \cdot \cos \frac{1}{2} A}{b + c}$$

In der vorigen Rechnung fanden wir

$$\begin{aligned} \log 2\sqrt{bc} \cdot \cos \tfrac{1}{2} A &= 0{,}0249961 \\ -\log (b + c) &= -0{,}1701585 \\ \hline \log \sin \varphi &= 9{,}8548376 \\ \varphi &= 45^0\,42'\,54'',03 \\ \log \cos \varphi &= 9{,}8439971 \\ \log (b + c) &= 0{,}1701585 \\ \hline \log a &= 0{,}0141556 \\ a &= 1{,}033131 \end{aligned}$$

Zusatz. Obwohl $\sphericalangle\,\varphi$ durch den Sinus bestimmt, an sich also zweifelhaft ist, so kann doch nur der zugehörige spitze Winkel für φ genommen werden, da auch der Cosinus desselben positiv sein muss. Es würde nämlich sonst $a = (b + c)\cos\varphi$ negativ werden.

3. Methode. $a = \frac{b-c}{\cos\varphi}$, wenn $\frac{2\sqrt{bc}\cdot\sin\frac{1}{2}A}{b-c} = \operatorname{tg}\varphi$ ist.

$$
\begin{aligned}
\log\sqrt{bc} &= 9{,}8585291 \\
\log 2 &= 0{,}3010300 \\
\log\sin\tfrac{1}{2}A &= 9{,}8322676 \\
-\log(b-c) &= -9{,}5091428 \text{ (neg)} \\
\hline
\log\operatorname{tg}\varphi &= 0{,}4826839 \text{ (neg)} \\
\varphi &= 180^0 - 71^0\,47'\,2'',7 \\
&= 108^0\,12'\,57'',3 \\
-\cos\varphi &= -9{,}4949873 \text{ (neg)} \\
\log(b-c) &= 9{,}5091428 \text{ (neg)} \\
\hline
\log a &= 0{,}0141555 \\
a &= 1{,}033131
\end{aligned}
$$

Zusatz. Da $a = \frac{b-c}{\cos\varphi}$ positiv sein muss, so muss man den Hülfswinkel φ, dessen logarithmische Tangente 0,4826839 (neg) gefunden wurde, so wählen, dass auch $\cos\varphi$ negativ wird. Der negative Winkel $\varphi = -71^0\,47'\,2'',7$ ist daher ausgeschlossen, weil dessen Cosinus positiv sein würde; es muss vielmehr, wie geschehen, $\sphericalangle\,\varphi$ im 2. Quadranten genommen werden.

4. Methode. $a = \frac{(b-c)\cos\frac{1}{2}A}{\cos\varphi}$, wenn

$$\operatorname{tg}\varphi = \frac{b+c}{b-c}\operatorname{tg}\tfrac{1}{2}A \text{ ist.}$$

$$
\begin{aligned}
\log(b+c) &= 0{,}1701585 \\
\log\operatorname{tg}\tfrac{1}{2}A &= 9{,}9668307 \\
-\log(b-c) &= -9{,}5091428 \text{ (neg)} \\
\hline
\log\operatorname{tg}\varphi &= 0{,}6278464 \text{ (neg)}
\end{aligned}
$$

$$\varphi = 180^0 - 76^0\,44'\,36'',65 = 103^0\,15'\,23'',35$$

(Ueber die Wahl des Hülfswinkels φ ist dieselbe Bemerkung zu machen wie vorhin.)

$$\begin{array}{rl} \log(b-c) = & 9{,}5091428 \text{ (neg)} \\ \log\cos\frac{1}{2}A = & 9{,}8654370 \\ -\log\cos\varphi = & -9{,}3604241 \text{ (neg)} \\ \hline \log a = & 0{,}0141557 \\ a = & 1{,}033131 \end{array}$$

Ist a nach einer dieser Methoden gefunden, so ist es zweckmässig, die beiden Winkel B und C durch zweimalige Anwendung des Sinussatzes einzeln zu berechnen, um durch die Addition der drei Winkel eine Controle der Rechnung zu haben.

Man kann auch zur Noth die unveränderte Cosinusformel benutzen, $a = \sqrt{b^2 + c^2 - 2bc \cdot \cos A}$; man hätte alsdann b^2 und c^2 einzeln durch Multiplication oder Logarithmen zu berechnen und ihre Summe um den durch Logarithmen bestimmten Werth des letzten Gliedes zu vermindern. Für den Gebrauch dieser Formel mag für Schüler besonders hervorgehoben werden, dass, wenn A ein stumpfer Winkel ist, das letzte Glied positiv ist. (Vergl. § 16, 1).)

2. Auflösung. Man kann auch zuerst an die Berechnung der Winkel gehen, und hat hierzu zwei Wege. Entweder berechnet man nach der Tangentenformel (§ 44) die halbe Differenz von C und B, und hieraus in Verbindung mit der bekannten Summe derselben die Winkel einzeln, oder man wendet zwei Mal die separirte Tangentenformel an (§ 46), um $\sphericalangle C$ und B einzeln zu bestimmen. Letzterer Weg gewährt wiederum den Vortheil der Controle.

1. Methode. $\operatorname{tg}\frac{1}{2}(C-B) = \frac{(c-b)\cdot\operatorname{tg}\frac{1}{2}(C+B)}{c+b}$.

$$\begin{array}{rl} \log(c-b) = & 9{,}5091428 \\ \log\operatorname{tg}\frac{1}{2}(C+B) = & 0{,}0331693 \\ -\log(c+b) = & -0{,}1701585 \\ \hline \log\operatorname{tg}\frac{1}{2}(C-B) = & 9{,}3721536 \end{array} \qquad \begin{array}{rl} \frac{1}{2}(C-B) = & 13^0\ 15'\ 23'',4 \\ \frac{1}{2}(C+B) = & 47^0\ 11'\ 9'',1 \\ \hline C = & 60^0\ 26'\ 32'',5 \\ B = & 33^0\ 55'\ 45'',7 \end{array}$$

2. Methode.

$$\operatorname{tg} B = \frac{\sin A \cdot \sin\varphi}{\sin(A-\varphi)}, \text{ wenn } \operatorname{cotg}\varphi = \frac{c}{b\cdot\sin A} \text{ ist.}$$

$$\begin{array}{rl} -\log b = & -9{,}7621879 \\ -\log\sin A = & -9{,}9987346 \\ \log c = & 9{,}9548703 \\ \hline \log\operatorname{cotg}\varphi = & 0{,}1939478 \\ \varphi = & 32^0\ 36'\ 41'',72 \\ A-\varphi = & 53^0\ 1'\ 0'',06 \end{array}$$

$$\begin{array}{rl} \log\sin\varphi = & 9{,}7315414 \\ \log\sin A = & 9{,}9987346 \\ -\log\sin(A-\varphi) = & -9{,}9024439 \\ \hline \log \operatorname{tg} B = & 9{,}8278321 \\ B = & 33^0\,55'\,45'',75 \end{array}$$

Zur Bestimmung von C hat man $\operatorname{tg} C = \frac{\sin A \cdot \sin\varphi}{\sin(A-\varphi)}$, wenn $\operatorname{cotg}\varphi = \frac{b}{c\cdot\sin A}$ ist. Es ist nun:

$$\begin{array}{rl} -\log c = & -9{,}9548703 \\ -\log\sin A = & -9{,}9987346 \\ \log b = & 9{,}7621879 \\ \hline \log\operatorname{cotg}\varphi = & 9{,}8085830 \\ \varphi = & 57'\,14'\,11'',94 \\ A-\varphi = & 28^0\,23'\,29'',84 \end{array} \qquad \begin{array}{rl} \log\sin\varphi = & 9{,}9247510 \\ \log\sin A = & 9{,}9987346 \\ -\log\sin(A-\varphi) = & -9{,}6771465 \\ \hline \log\operatorname{tg} C = & 0{,}2463391 \\ C = & 60^0\,26'\,32'',47 \end{array}$$

Die Addition der drei Winkel ergiebt genau 180^0.

Sind die Winkel nach einer dieser Methoden berechnet, so erhält man die dritte Seite nach dem Sinussatze.

Der Flächeninhalt ergiebt sich leicht aus der Grundformel $F = \frac{1}{2}\,bc\cdot\sin A$.

$$\begin{array}{rl} \log b = & 9{,}7621879 \\ \log c = & 9{,}9548703 \\ \log\sin A = & 9{,}9987346 \\ -\log 2 = & -0{,}3010300 \\ \hline \log F = & 9{,}4147628 \\ F = & 0{,}259874 \end{array}$$

Den Radius r erhält man entweder mit Hülfe eines berechneten Winkels oder der berechneten Seite aus der Grundformel (§ 51); $r = \frac{\frac{1}{2}a}{\sin A}$ oder $= \frac{\frac{1}{2}b}{\sin B}$

$$\begin{array}{rl} \log a = & 0{,}0141557 \\ -\log\sin A = & -9{,}9987346 \\ -\log 2 = & -0{,}3010300 \\ \hline \log r = & 9{,}7143911 \\ r = & 0{,}518073 \end{array} \qquad \begin{array}{rl} \log b = & 9{,}7621879 \\ -\log\sin B = & -9{,}7467669 \\ -\log 2 = & -0{,}3010300 \\ \hline \log r = & 9{,}7143910 \\ r = & 0{,}518073 \end{array}$$

Zur Berechnung von ϱ wende man § 53, Formel 5) oder 6) an: $\varrho = (b+c)\operatorname{tg}\frac{1}{2}A\cdot\sin\frac{1}{2}\varphi^2 = \frac{bc\cdot\sin A}{2(b+c)\cos\frac{1}{2}\varphi^2}$, wenn für beide Ausdrücke $\sin\varphi = \frac{2\sqrt{bc}}{b+c}\cdot\cos\frac{1}{2}A$ ist.

Es ist nach dem Vorigen (siehe 1. Auflösung, 2. Methode) dieser Hülfswinkel $\varphi = 45^0\ 42'\ 54'',03$, also $\frac{1}{2}\varphi = 22^0\ 51'\ 27'',015$

$\log (b + c) = 0,1701585$	$\log b = 9,7621879$
$\text{tg tg}\ \frac{1}{2} A = 9,9668307$	$\log c = 9,9548703$
$2 \log \sin \frac{1}{2}\varphi = 9,1786492$	$\log \sin A = 9,9987346$
$\log \varrho = 9,3156384$	$- \log 2 = -0,3010300$
$\varrho = 0,206842$	$- \log (b + c) = -0,1701585$
	$- 2 \log \cos \frac{1}{2}\varphi = -9,9289660$
	$\log \varrho = 9,3156383$
	$\varrho = 0,206842$

§ 77. Von einem Dreiecke kennt man die 3 Seiten, $a = 1,2345$, $b = 2,4018$, $c = 2,0317$; wie gross sind die übrigen Stücke?

Auflösung. Die in § 48 angegebenen Formeln, welche aus der allgemeinen Cosinusformel abgeleitet sind, ergeben 4 verschiedene Methoden zur Berechnung der Winkel, die für den Gebrauch der Logarithmen bequem sind. Die Formeln, wonach die Sinus der halben Dreieckswinkel berechnet werden, geben für den zugehörigen Winkel niemals eine Zweideutigkeit, da jeder halbe Dreieckswinkel nothwendig spitz ist. Bei den Formeln für die Sinus der ganzen Winkel muss über den zu wählenden Winkel nach allgemeinen geometrischen Lehrsätzen entschieden werden. Bildet man zunächst die in den genannten Formeln vorkommenden Grössen und schlägt ihre Logarithmen auf, so erhält man folgende Tabelle:

$a = 1,2345$	$\log a = 0,0914911$
$b = 2,4018$	$\log b = 0,3805368$
$c = 2,0317$	$\log c = 0,3078596$
$s = 2,8340$	$\log s = 0,4523998$
$(s - a) = 1,5995$	$\log (s - a) = 0,2039842$
$(s - b) = 0,4322$	$\log (s - b) = 9,6356848$
$(s - c) = 0,8023$	$\log (s - c) = 9,9043368$

aus der man nach den 4 Methoden leicht die Winkel finden kann.

1. **Methode.** (§ 48, Formel 1))

$\log s =$	$0,4523998$	$\log s =$	$0,4523998$
$\log (s-a) =$	$0,2039842$	$\log (s-b) =$	$9,6356848$
$-\log b =$	$-0,3805368$	$-\log a =$	$-0,0914911$
$-\log c =$	$-0,3078596$	$-\log c =$	$-0,3078596$
	$9,9679876 : 2 =$		$9,6887339 : 2 =$
$\log \cos \frac{1}{2} A =$	$9,9839938$	$\log \cos \frac{1}{2} B =$	$9,8443669$
$\frac{1}{2} A =$	$15^0\ 27'\ 37'',1$	$\frac{1}{2} B =$	$45^0\ 40'\ 2'',6$
$A =$	$30'\ 55'\ 14,2$	$\frac{1}{2} B =$	$91^0\ 20'\ 5'',2$
$\log s =$	$0,4523998$		
$\log (s-c) =$	$9,9043368$		
$-\log a =$	$-0,0914911$	$\log \cos \frac{1}{2} C =$	$9,9423543$
$-\log b =$	$-0,3805368$	$\frac{1}{2} C =$	$28^0\ 52'\ 20'',3$
	$9,8847087 : 2 =$	$C =$	$57^0\ 44'\ 40'',6$

Die Addition der Winkel ergiebt genau die Summe 180^0.

2. **Methode.** (§ 48, Formel 2))

$\log (s-b) =$	$9,6356848$	$\log (s-a) =$	$0,2039842$
$\log (s-c) =$	$9,9043368$	$\log (s-c) =$	$9,9043368$
$-\log b =$	$-0,3805368$	$-\log a =$	$-0,0914911$
$-\log c =$	$-0,3078596$	$-\log c =$	$-0,3078596$
	$8,8516252 : 2 =$		$9,7089703 : 2 =$
$\log \sin \frac{1}{2} A =$	$9,4258126$	$\log \sin \frac{1}{2} B =$	$9,8544851$
$\frac{1}{2} A =$	$15^0\ 27'\ 37'',1$	$\frac{1}{2} B =$	$45^0\ 40'\ 2'',6$
$A =$	$30^0\ 55'\ 14'',2$	$B =$	$91^0\ 20'\ 5'',2$
$\log (s-a) =$	$0,2039842$		
$\log (s-b) =$	$9,6356848$		
$-\log a =$	$-0,0914911$	$\log \sin \frac{1}{2} C =$	$9,6838205$
$-\log b =$	$-0,3805368$	$\frac{1}{2} C =$	$28^0\ 52'\ 20'',3$
	$9,3676411 : 2 =$	$C =$	$57^0\ 44'\ 40'',6$

Die Addition der berechneten Winkel giebt wiederum die Summe 180^0.

3. **Methode.** (§ 48, Formel 3))

$\log (s-b) =$	$9,6356848$	$\log (s-a) =$	$0,2039842$
$\log (s-c) =$	$9,9043368$	$\log (s-c) =$	$9,9043368$
$-\log s =$	$-0,4523998$	$-\log s =$	$-0,4523998$
$-\log (s-a) =$	$-0,2039842$	$-\log (s-b) =$	$-9,6356848$
	$8,8836376 : 2 =$		$0,0202364 : 2 =$

$\log \operatorname{tg} \frac{1}{2} A = 9{,}4418188$ $\quad$ $\log \operatorname{tg} \frac{1}{2} B = 0{,}0101282$

$\frac{1}{2} A = 15^0\, 27'\, 37'',1$ $\quad$ $\frac{1}{2} B = 45^0\, 40'\, 2'',6$

$A = 30^0\, 55'\, 14'',2$ $\quad$ $B = 91^0\, 20'\, 5'',2$

$$\begin{array}{rl}
\log (s-a) = & 0{,}2039842 \\
\log (s-b) = & 9{,}6356848 \\
-\log s = & -0{,}4523998 \\
-\log (s-c) = & -9{,}9043368 \\
\hline
& 9{,}4829324 : 2 =
\end{array}$$

$$\begin{array}{rl}
\log \operatorname{tg} \frac{1}{2} C = & 9{,}7414662 \\
\frac{1}{2} C = & 28^0\, 52'\, 20'',3 \\
C = & 57^0\, 44'\, 40'',6
\end{array}$$

Auch hier ergiebt die Probe die genaue Summe 180⁰.

4. Methode. (§ 48, Formel 4))

$$\begin{array}{rl}
\log s = & 0{,}4523998 \\
\log (s-a) = & 0{,}2039842 \\
\log (s-b) = & 9{,}6356848 \\
\log (s-c) = & 9{,}9043368 \\
\hline
\end{array}$$

$$0{,}1964056 : 2 = 0{,}0982028 = \log \sqrt{s(s-a)(s-b)(s-c)}$$

$$\begin{array}{rl}
\log 2 = & 0{,}3010300 \\
\hline
\log 2 \sqrt{s(s-a)(s-b)(s-c)} = & 0{,}3992328 \\
-\log b = & -0{,}3805368 \\
-\log c = & -0{,}3078596 \\
\hline
\log \sin A = & 9{,}7108364 \\
A = & 30^0\, 55'\, 14'',2
\end{array}$$

$$\begin{array}{rl|rl}
2 \log \sqrt{s(s-a)(s-b)(s-c)} = & 0{,}3992328 & = & 0{,}3992328 \\
-\log a = & -0{,}0914911 & -\log a = & -0{,}0914911 \\
-\log c = & -0{,}3078596 & -\log b = & -0{,}3805368 \\
\hline
\log \sin B = & 9{,}9998821 & \log \sin C = & 9{,}9272049 \\
B = & 91^0\, 20'\, 6'',0 & C = & 57^0\, 44'\, 40'',7
\end{array}$$

Die Probe ergiebt eine Summe von $180^0 + 0'',9$. Diese etwas grosse Ungenauigkeit hat seinen Grund im Winkel B, dessen Sinus, da B wenig von 1 R verschieden ist, nahezu 1 ist; die Differenzen der Logarithmen der Sinus der Winkel in der Nähe von 90^0 sind für siebenstellige Logarithmen zu klein, als dass man genau interpoliren könnte.

Die Winkel A und C können, da sie den kleineren Seiten gegenüberliegen, nur spitze sein, B dagegen muss stumpf sein, da der zugehörige spitze Winkel mit A und C eine zu geringe Summe ergeben würde.

Zusatz. Man könnte auch, wenn ein Winkel gefunden ist, die beiden andern nach dem Sinussatze finden. — Die unveränderte Cosinusformel $\cos A = \frac{b^2 + c^2 - a^2}{2\,bc}$ erfordert bei ihrer Anwendung 4 Multiplikationen. Wird $a^2 > b^2 + c^2$, also $\cos A$ negativ, so hat man den Winkel im zweiten Quadranten zu nehmen.

Den Flächeninhalt F findet man nach § 50, Formel 4). Wir hatten schon bei der 4. Methode erhalten:

$$\log \sqrt{s(s-a)(s-b)(s-c)} = \log F = 0{,}0982028, \text{ also}$$
$$F = 1{,}25373.$$

Den Radius r findet man mit Hülfe eines berechneten Winkels aus der Grundformel: $r = \frac{\frac{1}{2}a}{\sin A}$.

$$\begin{aligned} \log a &= 0{,}0914911 \\ -\log 2 &= -0{,}3010300 \\ -\log \sin A &= -9{,}7108364 \\ \hline \log r &= 0{,}0796247 \\ r &= 1{,}20123. \end{aligned}$$

Der Radius ϱ wird unabhängig von den Winkeln nach § 53, Formel 2) berechnet.

$$\begin{aligned} \log(s-a) &= 0{,}2039842 \\ \log(s-b) &= 9{,}6356848 \\ \log(s-c) &= 9{,}9043368 \\ -\log s &= -0{,}4523998 \\ \hline & 9{,}2916060 : 2 = \\ \log \varrho &= 9{,}6458030 \\ \varrho &= 0{,}442388 \end{aligned}$$

Mit Hülfe eines Winkels erhält man ϱ einfacher nach § 53, Formel 3).

$$\begin{aligned} \log(s-a) &= 0{,}2039842 \\ \log \operatorname{tg} \tfrac{1}{2} A &= 9{,}4418188 \\ \hline \log \varrho &= 9{,}6458030 \\ \varrho &= 0{,}442388 \end{aligned}$$

§ 78. Von einem Dreiecke seien gegeben der Umfang $2s = 3{,}2546$ und die Winkel $A = 47^0\,28'\,34'',2$ und $B = 62^0\,59'\,12'',6$; wie gross sind die Seiten, Inhalt und Radien des Dreiecks?

Auflösung. 1) Zur Bestimmung der Seiten folgt aus der Sinusformel

$$a : b : c = \sin A : \sin B : \sin C$$

$$a : 2s = \sin A : \sin A + \sin B + \sin C.$$

In § 53 haben wir den in Formel 7) vorkommenden Ausdruck $\sin A + \sin B + \sin C$ umgeformt und erhalten:

$\sin A + \sin B + \sin C = 4 \cos \frac{1}{2} A \cdot \cos \frac{1}{2} B \cdot \cos \frac{1}{2} C$; es ist also $a : 2s = 2 \sin \frac{1}{2} A \cdot \cos \frac{1}{2} A : 4 \cos \frac{1}{2} A \cdot \cos \frac{1}{2} B \cdot \cos \frac{1}{2} C$

oder $a : 2s = \sin \frac{1}{2} A : 2 \cos \frac{1}{2} B \cdot \cos \frac{1}{2} C$; ebenso

$b : 2s = \sin \frac{1}{2} B : 2 \cos \frac{1}{2} C \cdot \cos \frac{1}{2} A$ und

$c : 2s = \sin \frac{1}{2} C : 2 \cos \frac{1}{2} A \cdot \cos \frac{1}{2} B$

$\frac{1}{2} A = 23^0\,44'\,17'',1$ $\log \sin \frac{1}{2} A = 9{,}6048266$ $\log \cos \frac{1}{2} A = 9{,}9616087$

$\frac{1}{2} B = 31^0\,29'\,36'',3$ $\log \sin \frac{1}{2} B = 9{,}7180037$ $\log \cos \frac{1}{2} B = 9{,}9307964$

$\frac{1}{2} C = 34^0\,46'\,6'',6$ $\log \sin \frac{1}{2} C = 9{,}7560744$ $\log \cos \frac{1}{2} C = 9{,}9145880$

$\log 2s =$	$0{,}5124976$	$\log 2s =$	$0{,}5124976$
$\log \sin \frac{1}{2} A =$	$9{,}6048266$	$\log \sin \frac{1}{2} B =$	$9{,}7180037$
$- \log \cos \frac{1}{2} B =$	$- 9{,}9307964$	$- \log \cos \frac{1}{2} A =$	$- 9{,}9616087$
$- \log \cos \frac{1}{2} C =$	$- 9{,}9145880$	$- \log \cos \frac{1}{2} C =$	$- 9{,}9145880$
$- \log 2 =$	$- 0{,}3010300$	$- \log 2 =$	$- 0{,}3010300$
$\log a =$	$9{,}9709098$	$\log b =$	$0{,}0532746$
$a =$	$0{,}935211$	$b =$	$1{,}130510$

$\log 2s =$	$0{,}5124976$
$\log \sin \frac{1}{2} C =$	$9{,}7560744$
$- \log \cos \frac{1}{2} A =$	$- 9{,}9616087$
$- \log \cos \frac{1}{2} B =$	$- 9{,}9307964$
$- \log 2 =$	$- 0{,}3010300$
$\log c =$	$0{,}0751369$
$c =$	$1{,}188877$

2) $F = \dfrac{c^2 \cdot \sin A \cdot \sin B}{2 \sin C}$. (§ 50, Formel 2))

$2 \log c =$	$0{,}1502738$	oder $F = \frac{1}{2}\, bc \sin A$	
$\log \sin A =$	$9{,}8674653$	$\log b =$	$0{,}0532746$
$\log \sin B =$	$9{,}9498300$	$\log c =$	$0{,}0751369$
$-\log 2 =$	$-0{,}3010300$	$\log \sin A =$	$9{,}8674653$
$-\log \sin C =$	$-9{,}9716924$	$-\log 2 =$	$-0{,}3010300$
$\log F =$	$9{,}6948467$	$\log F =$	$9{,}6948468$
$F =$	$0{,}495275$	$F =$	$0{,}495275$

Setzt man in $F = \frac{1}{2}\, bc \cdot \sin A$ für b und c die oben gefundenen Werthe, so erhält man independent:

$$F = s^2 \cdot \operatorname{tg} \tfrac{1}{2} A \cdot \operatorname{tg} \tfrac{1}{2} B \cdot \operatorname{tg} \tfrac{1}{2} C.$$

3) $r = \dfrac{\frac{1}{2} a}{\sin A}$

$\log a =$	$9{,}9709098$
$-\log \sin A =$	$-9{,}8674653$
$-\log 2 =$	$-0{,}3010300$
$\log r =$	$9{,}8024145$
$r =$	$0{,}634475$

4) $\varrho = \dfrac{c \cdot \sin \frac{1}{2} A \cdot \sin \frac{1}{2} B}{\cos \frac{1}{2} C}$ (§ 53, Formel 8))

$\log c =$	$0{,}0751369$
$\log \sin \frac{1}{2} A =$	$9{,}6048266$
$\log \sin \frac{1}{2} B =$	$9{,}7180037$
$-\log \cos \frac{1}{2} C =$	$-9{,}9145880$
$\log \varrho =$	$9{,}4833792$
$\varrho =$	$0{,}304354$

§ 79. **Auf dem einen Schenkel eines Winkels $A = 123^0\, 45'\, 6'',78$ liegt eine Strecke $BC = a = 1$; unter welchem Gesichtswinkel erscheint diese Strecke im Punkte D des andern Schenkels, wenn $AD = b = 3$ und $AB = c = 4$ ist?**

Fig. 29.

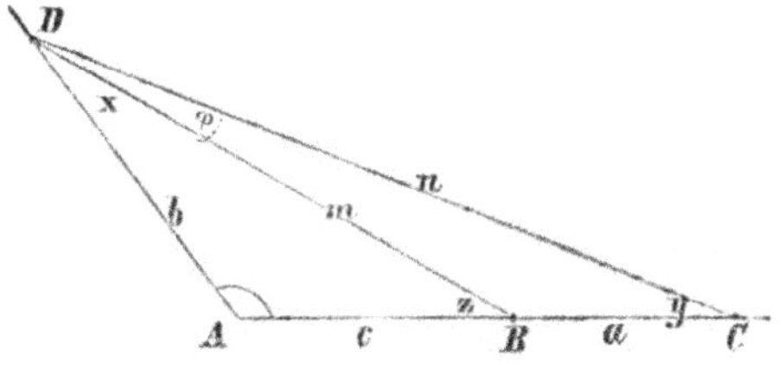

Auflösung. Der gesuchte $\measuredangle\, \varphi$ wird gefunden, indem man entweder die Seiten m und n (DB und DC) aus den Dreiecken ADB und ADC, von welchen man zwei Seiten und den eingeschlossenen Winkel kennt, nach der Cosinusformel berechnet und dann aus den 3 Seiten des Dreiecks BCD den Winkel φ bestimmt; oder man berechnet zunächst $\sphericalangle ADC = (x + \varphi)$ und dann $ADB = x$, beide nach der Tangentenformel (man kann die combinirte oder separirte Tangentenformel anwenden), und hat dadurch auch die Differenz φ; oder endlich, man setzt $\varphi = z - y$, ($ABD - ACD$), berechnet z und y wiederum nach der Tangentenformel und hat dadurch φ.

Für die angegebenen Werthe ist $\varphi = 3^0\, 14'\, 40''$.

§ 80. **Von einem Dreiecke kennt man die Grundlinie c, die Höhe auf diese $= h$ und den Winkel an der Spitze $= C$; wie gross sind die übrigen Stücke?**

Fig. 30.

Auflösung. Es ist $ab \cdot \sin C = ch$. Setzt man nun in $c^2 = a^2 + b^2 - 2ab \cos C$ $\cos C = 2 \cos \frac{1}{2} C^2 - 1$ und $= 1 - 2 \sin \frac{1}{2} C^2$, so erhält man 1) $c^2 = a^2 + b^2 + 2ab - 4ab \cdot \cos \frac{1}{2} C^2$ und 2) $c^2 = a^2 + b^2 - 2ab + 4ab \sin \frac{1}{2} C^2$.

Hieraus erhält man

$$a + b = \sqrt{c^2 + 4ab \cos \tfrac{1}{2} C^2} \text{ und}$$

$$a - b = \sqrt{c^2 - 4ab \sin \tfrac{1}{2} C^2}$$

Da nun $ab = \frac{ch}{\sin C} = \frac{ch}{2 \sin \frac{1}{2} C \cdot \cos \frac{1}{2} C}$ ist, so erhält man endlich

$$a + b = \sqrt{c^2 + 2ch \cdot \operatorname{cotg} \tfrac{1}{2} C} \text{ und}$$

$$a - b = \sqrt{c^2 - 2ch \cdot \operatorname{tg} \tfrac{1}{2} C},$$

woraus man die Seiten a und b einzeln erhält.

Sollen die Ausdrücke für $a + b$ und $a - b$ für logarithmische Rechnung bequem sein, so setze man

$$a + b = c \sqrt{1 + \frac{2h}{c} \cdot \operatorname{cotg} \tfrac{1}{2} C}$$

$$a - b = c \sqrt{1 - \frac{2h}{c} \operatorname{tg} \tfrac{1}{2} C}$$

und setze im ersten Ausdrucke

$\frac{2h}{c} \operatorname{cotg} \frac{1}{2} C = \operatorname{tg} \varphi$, wodurch man nach § 28, 19) erhält:

$$a + b = c\sqrt{\frac{\sqrt{2} \cdot \sin(45^0 + \varphi)}{\cos\varphi}}$$

und im zweiten Ausdrucke $\frac{2h}{c}$ tg $\frac{1}{2}$ C = tg ψ, wodurch man nach derselben Formel erhält:

$$a - b = c\sqrt{\frac{\sqrt{2} \cdot \sin(45^0 - \psi)}{\cos\psi}}.$$

Für $h = 2$, $c = 3{,}75$, $\sphericalangle\, C = 63^0\, 25'\, 26'',4$ findet man
$\varphi = 59^0\, 55'\, 1'',2$, $\psi = 52^0\, 43'\, 30'',0$ und endlich
$a = 4{,}190624$ $b = 2{,}001160$.

§ 81. Von einem Vierecke seien gegeben 2 gegenüberliegende Seiten a und c und die Winkel; wie gross sind die beiden andern Seiten?

$a = 17{,}345$, $c = 27{,}039$

$\sphericalangle\, A = 72^0\, 14'\, 12'',6$ $\sphericalangle\, B = 61^0\, 59'\, 18'',2$ $\sphericalangle\, C = 117^0\, 0'14'',8$ also $\sphericalangle\, D$ $108^0\, 46'\, 14'',4$.

Auflösung. Nach § 59 erhält man

$$d = \frac{a\sqrt{2}\,\sin B \cdot \sin(45^0 - \varphi)}{\sin(A + B) \cdot \cos\varphi},\quad b = \frac{a\sqrt{2}\,\sin A \cdot \sin(45^0 - \psi)}{\sin(A + B) \cdot \cos\psi},$$

$$\text{wenn } \operatorname{tg}\varphi = \frac{c \cdot \sin C}{a \cdot \sin B} \text{ und } \operatorname{tg}\psi = \frac{c \cdot \sin D}{a \cdot \sin A} \text{ ist.}$$

Für die Berechnung der Hülfswinkel φ und ψ ist nun:

log c =	1,4319906	log c =	1,4319906
log sin C =	9,9498650	log sin D =	9,9762647
— log a =	— 1,2391743	— log a =	— 1,2391743
— log sin B =	— 9,9458881	— log sin A =	— 9,9787856
log tg φ =	0,1967932	log tg ψ =	0,1902954

Die zugehörigen Winkel müssen nun so gewählt werden, dass sin $(45^0 - \varphi)$ und sin $(45^0 - \psi)$ mit cos φ und cos ψ dasselbe Vorzeichen haben. Es kann im vorliegenden Falle nur ein überstumpfer Winkel im dritten Quadranten sein. Daher

$$\varphi = 237^0\, 33'\, 30'',9 \text{ und } \psi = 237^0\, 10'\, 9'',4.$$

Nun ist ferner:

$$\begin{aligned}
\log a &= 1{,}2391743 \\
\log \sin B &= 9{,}9458881 \\
\log \sin (45^0 - \varphi) &= 9{,}3373349 \text{ (neg)} \\
\log \sqrt{2} &= 0{,}1505150 \\
-\log \sin (A + B) &= -9{,}8552586 \\
-\log \cos \varphi &= -9{,}7295187 \text{ (neg)} \\
\hline
\log d &= 1{,}0881350 \\
d &= 12{,}250
\end{aligned}$$

$$\begin{aligned}
\log a &= 1{,}2391743 \\
\log \sin A &= 9{,}9787856 \\
\log \sin (45^0 - \psi) &= 9{,}3238719 \text{ (neg)} \\
\log \sqrt{2} &= 0{,}1505150 \\
-\log \sin (A + B) &= -9{,}8552586 \\
-\log \cos (\psi) &= -9{,}7341266 \text{ (neg)} \\
\hline
\log b &= 1{,}1029616 \\
b &= 12{,}675
\end{aligned}$$

§ 82. **Pothenot'sche Aufgabe.** Von einem Vierecke kennt man zwei Seiten a und d und den eingeschlossenen Winkel A; ferner die Winkel α und γ, welche die von A aus gezogene Diagonale mit den beiden andern Seiten b und c bildet; wie gross sind die beiden anderen Winkel und Seiten?

$$a = 11,\ d = 7,\ \sphericalangle A = 102^0 23' 45'',78,\ \sphericalangle \alpha = 53^0\, 29'\, 56'',12$$
$$\sphericalangle \gamma = 43^0\, 17'\, 31'',56.$$

Auflösung. 1. In Figur 28 (§ 65) sei $\sphericalangle ABC = x$, $ADC = y$ und $x + y = \lambda = 4R - (A + \alpha + \gamma) = 160^0\, 48'\, 46'',54$; dann ist

$$\operatorname{cotg} x = \frac{\sin(\varkappa + \lambda)}{\sin \varkappa \cdot \sin \lambda}, \text{ wenn } \frac{a \cdot \sin \gamma}{d \cdot \sin \alpha \cdot \sin \lambda} = \operatorname{cotg} \varkappa \text{ ist.}$$

$$\begin{aligned}
\log a &= 1{,}0413927 \\
\log \sin \gamma &= 9{,}8361456 \\
-\log d &= -0{,}8450980 \\
-\log \sin \alpha &= -9{,}9051726 \\
-\log \sin \lambda &= -9{,}5167383 \\
\hline
\log \operatorname{cotg} \varkappa &= 0{,}6105294 \\
\varkappa &= 13^0\, 46'\, 32'',1
\end{aligned}
\qquad
\begin{aligned}
\varkappa + \lambda &= 174^0 35' 18'',64 \\
\log \sin (\varkappa + \lambda) &= 8{,}9745482 \\
-\log \sin \varkappa &= -9{,}3767951 \\
-\log \sin \lambda &= -9{,}5167383 \\
\hline
\log \operatorname{cotg} x &= 0{,}0810148 \\
x &= 39^0\, 41'\, 12'',0 \\
y &= 121^0 7' 34'',54
\end{aligned}$$

2. Nach demselben Paragraphen ist, wenn $x = \frac{1}{2}(\lambda + \delta)$, $y = \frac{1}{2}(\lambda - \delta)$ ist: $\operatorname{tg} \frac{1}{2}\delta = \operatorname{tg} \frac{1}{2}\lambda \cdot \operatorname{tg}(\varphi - 45^0)$, worin

$$\operatorname{tg} \varphi = \frac{d \cdot \sin \alpha}{a \cdot \sin \gamma} \text{ ist.}$$

$$\begin{aligned}
\log d &= 0,8450980 \\
\log \sin \alpha &= 9,9051726 \\
-\log a &= -1,0413927 \\
-\log \sin \gamma &= -9,8361455 \\
\hline
\log \operatorname{tg} \varphi &= 9,8727324 \\
\varphi &= 36^0\ 43'\ 21''12 \\
\varphi - 45^0 &= -8^0\ 16'\ 38'',88 \\
\tfrac{1}{2}\lambda &= 80^0\ 24'\ 23'',27 \\
\log \operatorname{tg} \tfrac{1}{2}\lambda &= 0,7720586 \\
\log \operatorname{tg}(\varphi - 45^0) &= 9,1628110 \text{ (neg)} \\
\hline
\log \operatorname{tg} \tfrac{1}{2}\delta &= 9,9348696 \text{ (neg)} \\
\tfrac{1}{2}\delta &= -40^0\ 43'\ 10'',92;
\end{aligned}$$

$$\text{also } x = \tfrac{1}{2}(\lambda + \delta) = \tfrac{1}{2}(160^0\ 48'\ 46'',54 - 81^0\ 26'\ 21'',84) = 39^0\ 41'\ 12'',35$$

$$y = \tfrac{1}{2}(\lambda - \delta) = \tfrac{1}{2}(160^0\ 48'\ 46'',54 + 81^0\ 26'\ 21'',84) = 121^0\ 7'\ 34'',19$$

Zusatz. Wenn man in der ursprünglichen Formel für $\operatorname{cotg} x$, welche im § 65 aufgestellt ist, den Quotienten

$$\frac{a \cdot \sin \gamma}{d \cdot \sin \alpha \cdot \sin \lambda}$$

für sich berechnet, so erhält man dafür die Zahl 4,078772; man erhält also

$$\begin{aligned}
\operatorname{cotg} x &= \operatorname{cotg} \lambda + 4,078772 \\
&= -2,87370 + 4,078772 = 1,205072
\end{aligned}$$

$$\log \operatorname{cotg} x = 0,0810130 = \log \operatorname{cotg} 39^0\ 41'\ 12'',36.$$

Die fehlenden Seiten, sowie die Diagonale AC findet man nun leicht nach dem Sinussatze; die Diagonale BD wird nach § 42 bestimmt.

§ 83. Von einem Dreiecke kennt man einen Winkel, das aus seinem Scheitel auf die gegenüberliegende Seite gefällte Loth und den Radius des eingeschriebenen Kreises; es sollen die fehlenden Stücke berechnet werden.

Fig. 31.

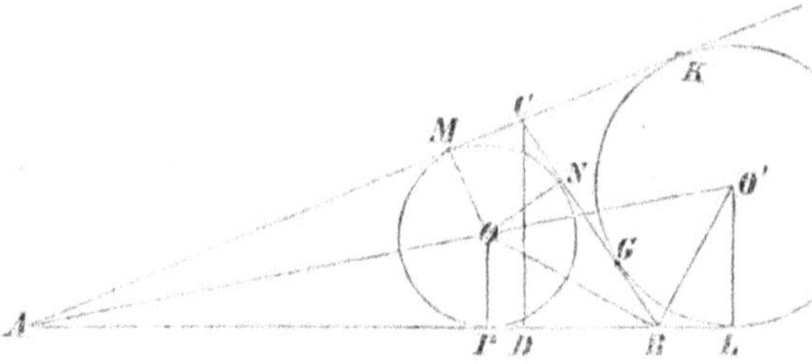

Gesperrt: **Gegeben:** $\sphericalangle C$, h und ϱ.

Auflösung. In Figur 31 ist, wenn $OM = ON = OP = \varrho$, und $CD = h$ ist, $CMON = ABC - (MOPA + NOPB) = ABC - 2\,AOB$.

$$\text{Nun ist } CMON = \varrho \cdot CN = \varrho^2 \cdot \operatorname{cotg} \tfrac{1}{2} C$$

$$ABC = \tfrac{1}{2} hc,\ 2\,AOB = \varrho \cdot c, \text{ also}$$

$$\tfrac{1}{2} hc - c \cdot \varrho = \varrho^2 \cdot \operatorname{cotg} \tfrac{1}{2} C, \text{ oder}$$

$$c = \frac{2\,\varrho^2 \cdot \operatorname{cotg} \frac{1}{2} C}{h - 2\,\varrho}.$$

Die übrigen Stücke können nun nach § 80 gefunden werden.

§ 84. **Wie gross sind die Radien ϱ_a, ϱ_b, ϱ_c** (vergl. § 50, Vorbemerkung), **wenn die drei Seiten des Dreiecks bekannt sind?**

Auflösung. Werden in Fig. 31 die beiden Seiten AC und AB über C und B hinaus verlängert, so ist, wenn man $\sphericalangle CBL$ halbirt, und AO bis zum Durchschnitte mit dieser Halbirungslinie verlängert,

$AL = s$, daher im Dreiecke $AO'L$

$O'L = \varrho_a = s \cdot \operatorname{tg} \frac{1}{2} A.$

In gleicher Weise findet man

$$\varrho_b = s \cdot \operatorname{tg} \tfrac{1}{2} B \text{ und } \varrho_c = s \cdot \operatorname{tg} \tfrac{1}{2} C.$$

Ebenso findet man leicht:

$$\varrho_a = (s - b) \cdot \operatorname{cotg} \tfrac{1}{2} C = (s - c) \cdot \operatorname{cotg} \tfrac{1}{2} B$$

$$\varrho_b = (s - c) \operatorname{cotg} \tfrac{1}{2} A = (s - a) \operatorname{cotg} \tfrac{1}{2} C$$

$$\varrho_c = (s - a) \operatorname{cotg} \tfrac{1}{2} B = (s - b) \operatorname{cotg} \tfrac{1}{2} A.$$

§ 85. Schliesslich möge noch besonders hervorgehoben werden, dass ein Widerspruch in der Aufgabe enthalten sein muss, wenn die Logarithmen des Sinus oder des Cosinus eines gesuchten Winkels grösser als 0 werden. (Vergl. § 8.)

III. Capitel. Sphärische Trigonometrie.

Vorbemerkung. Sowie in der ebenen Trigonometrie auf Grund der durch die Planimetrie nachgewiesenen Abhängigkeit der Stücke eines ebenen Dreiecks die Beziehungen zwischen gegebenen und gesuchten Stücken mit Hülfe der goniometrischen Funktionen in Gleichungen ausgedrückt werden, ebenso können die Beziehungen zwischen gegebenen und gesuchten Stücken eines sphärischen Dreiecks mit Hülfe der goniometrischen Funktionen in Gleichungen ausgedrückt werden. Denn erstens weist die Stereometrie unter den Stücken eines sphärischen Dreiecks einen ebenso bestimmten Zusammenhang nach; zweitens entsteht durch die Verbindung der Ecken eines sphärischen Dreiecks mit dem Mittelpunkt der zugehörigen Kugel eine entsprechende körperliche Ecke, deren Seitenflächen den Seiten des sphärischen Dreiecks, und deren Flächenwinkel den Winkeln desselben entsprechen. Da nun die Seitenflächen dieser körperlichen Ecke die Winkel sind, welche von zwei Kanten derselben gebildet werden, so lassen sich die Begriffe, Bezeichnungen und Formeln, welche bisher in der Goniometrie überhaupt für Winkel aufgestellt und abgeleitet sind, auch auf die Seiten und Winkel eines sphärischen Dreiecks übertragen.

Die geometrischen Eigenschaften der sphärischen Dreiecke und ihre Beziehungen zu einander werden, als der Stereometrie angehörig, vorausgesetzt. — Behufs der trigonometrischen Auflösung derselben werden dieselben in 3 Klassen eingetheilt, nämlich 1) in rechtwinklige, 2) rechtseitige oder Quadranten-Dreiecke und 3) schiefwinklige Dreiecke, welche nicht rechtseitig sind. Die Bezeichnung der Stücke eines sphärischen Dreiecks ist der Bezeichnung der Stücke eines ebenen Dreiecks vollkommen analog.

A. Auflösung der rechtwinkligen sphärischen Dreiecke.

§ 86. Lehrsatz. In jedem rechtwinkligen sphärischen Dreiecke ist

1) der Sinus eines Winkels an der Hypotenuse gleich dem Sinus der gegenüberliegenden Kathete dividirt durch den Sinus der Hypotenuse;

2) der Cosinus eines Winkels an der Hypotenuse gleich der Tangente der anliegenden Kathete dividirt durch die Tangente der Hypotenuse;

3) die Tangente eines Winkels an der Hypotenuse gleich der Tangente der gegenüberliegenden Kathete dividirt durch den Sinus der anliegenden Kathete.

Beweis. Ist ABC ein bei A rechtwinkliges sphärisches Dreieck und man denkt sich die dazu gehörige körperliche Ecke $OABC$ construirt, so ist der Voraussetzung gemäss der Flächenwinkel an $AO = 1\,R$. Fällt man daher von dem beliebigen Punkte D der Kante CO das Loth DE auf AO und von E das Loth EF auf BO, so ist auch DF ein Loth auf BO und also $\sphericalangle DFE = \sphericalangle B$. Nun ist:

Fig. 32.

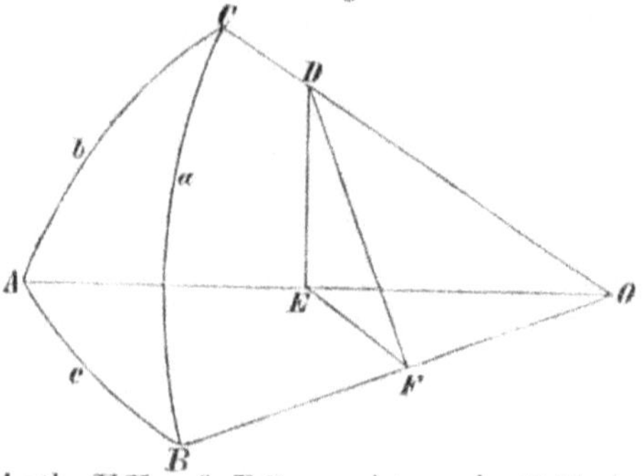

$$1)\quad \sin B = \sin DFE = \frac{DE}{DF} = \frac{DE:DO}{DF:DO} = \frac{\sin COA}{\sin COB} = \frac{\sin b}{\sin a};$$

$$2)\quad \cos B = \cos DFE = \frac{EF}{DF} = \frac{EF:FO}{DF:FO} = \frac{\operatorname{tg} AOB}{\operatorname{tg} COB} = \frac{\operatorname{tg} c}{\operatorname{tg} a};$$

$$3)\quad \operatorname{tg} B = \operatorname{tg} DFE = \frac{DE}{EF} = \frac{DE:EO}{EF:EO} = \frac{\operatorname{tg} COA}{\sin AOB} = \frac{\operatorname{tg} b}{\sin c}.$$

Für das Gedächtniss möge bemerkt werden, dass man, um aus den drei Verhältnissen $\frac{DE}{DF}$, $\frac{EF}{DF}$, $\frac{DE}{EF}$ die endlichen Formeln zu erhalten, jedes dieser drei Verhältnisse im Dividendus und Divisor durch diejenige Kante der körperlichen Ecke $ODEF$ dividirt, welche sowohl mit dem Dividendus als auch dem Divisor des Verhältnisses in einem rechtwinkligen Dreiecke liegt.

Anmerkung. Die Analogie vorstehender Sätze mit den Begriffen des Sinus, Cosinus und der Tangente eines spitzen Winkels im ebenen rechtwinkligen Dreiecke ist leicht erkennbar.

§ 87. **Lehrsatz. Der Cosinus der Hypotenuse eines rechtwinkligen sphärischen Dreiecks ist gleich dem Producte der Cosinus der Katheten.**

Beweis. An Figur 32 ist

$$\cos b = \cos COA = \frac{EO}{DO},$$

$$\cos c = \cos AOB = \frac{OF}{EO}, \text{ daher}$$

$$\cos b \cdot \cos c = \frac{OF}{DO} = \cos COB = \cos a.$$

Zusatz. Auch kann dieser Satz als eine Folgerung der im vorhergehenden Paragraphen aufgestellten Sätze dargestellt werden. Man erhält nämlich durch Division des in 1) und 2) gegebenen Ausdrucks den in 3) gegebenen; es ist daher

$$\frac{\sin b}{\sin a} \cdot \frac{\operatorname{tg} a}{\operatorname{tg} c} = \frac{\operatorname{tg} b}{\sin c},$$

woraus nach einiger Umformung leicht folgt

$$\frac{1}{\cos a} = \frac{1}{\cos b \cdot \cos c} \text{ oder}$$

$$\cos a = \cos b \cdot \cos c.$$

§ 88. Lehrsatz. Der Cosinus der Hypotenuse eines rechtwinkligen sphärischen Dreiecks ist gleich dem Producte aus den Cotangenten der beiden anliegenden Winkel.

Beweis. Es ist Fig. 32 nach § 86, 3)

$$\operatorname{cotg} B = \frac{\sin c}{\operatorname{tg} b} \text{ und } \operatorname{cotg} C = \frac{\sin b}{\operatorname{tg} c}, \text{ also}$$

$$\operatorname{cotg} B \cdot \operatorname{cotg} C = \frac{\sin c \cdot \sin b}{\operatorname{tg} b \cdot \operatorname{tg} c} = \cos b \cdot \cos c = \cos a.$$

§ 89. Lehrsatz. Der Cosinus einer Kathete eines rechtwinkligen sphärischen Dreiecks ist gleich dem Cosinus des Gegenwinkels dividirt durch den Sinus des andern Winkels an der Hypotenuse.

Beweis. Es ist Fig. 32 nach § 86, 2)

$$\cos B = \frac{\operatorname{tg} c}{\operatorname{tg} a} = \frac{\sin c}{\cos c} \cdot \frac{\cos a}{\sin a} = \frac{\sin c}{\sin a} \cdot \frac{\cos a}{\cos c}$$

Nun ist $\frac{\sin c}{\sin a} = \sin C$ (§ 86, 1)) und $\frac{\cos a}{\cos c} = \cos b$ (§ 87),

daher $\cos b = \frac{\cos B}{\sin C}$.

§ 90. Die vorhergehenden Relationen zwischen Winkeln und Seiten eines rechtwinkligen sphärischen Dreiecks sind in folgender für das Gedächtniss bequemen, zuerst von Neper aufgestellten und nach ihm benannten Regel zusammengefasst:

Neper'sche Regel. Sind mit Ausschluss des rechten Winkels b, C, a, B und c die fünf aufeinanderfolgenden Stücke eines rechtwinkligen sphärischen Dreiecks, so ist der Cosinus eines jeden Stückes

1) dem Producte der Cotangenten der beiden benachbarten Stücke;

2) dem Producte der Sinus der beiden nicht benachbarten Stücke gleich;

wenn in beiden Fällen statt der Katheten ihre Ergänzungen zu einem Quadranten, d. h. statt der genannten Funktionen derselben die Cofunktionen genommen werden.

Nach dieser Regel erhält man die vorhergehenden 6 Sätze in folgender Zusammenstellung:

1) $\cos a = \operatorname{cotg} B \cdot \operatorname{cotg} C = \cos b \cdot \cos c$

2) $\cos C = \operatorname{tg} b \cdot \operatorname{cotg} a = \cos c \cdot \sin B$

3) $\sin b = \operatorname{cotg} C \cdot \operatorname{tg} c = \sin a \cdot \sin B$

4) $\sin c = \operatorname{tg} b \cdot \operatorname{cotg} B = \sin C \cdot \sin a$

5) $\cos B = \operatorname{tg} c \cdot \operatorname{cotg} a = \cos b \cdot \sin C$,

worin die Nummern 4) und 5) mit 3) und 2) analog sind.

B. Auflösung des rechtseitigen sphärischen Dreiecks (des Quadrantendreiecks).

§ 91. Nach den Sätzen der Stereometrie stehen zwei reciproke sphärische Dreiecke in der Beziehung zu einander, dass die Seiten und Winkel des einen die entsprechenden Winkel und Seiten des andern zu 180^0 ergänzen. Daher ist das zu einem rechtseitigen sphärischen Dreiecke ABC, dessen Seite $a = 90^0$ ist, zugehörige reciproke Dreieck $A'B'C'$ bei A' rechtwinklig, und die aufgestellten 6 Sätze haben für dieses ihre Gültigkeit. Stellt man diese auf und ersetzt jede Seite durch das Supplement des entsprechenden Winkels und jeden Winkel durch das Supplement der entsprechenden Seite aus Dreieck ABC, so erhält man für ein Quadrantendreieck, dessen Seite $a = 90^0$ ist, folgende Sätze:

$$1)\ \sin b = \frac{\sin B}{\sin A}, \qquad 2)\ \cos b = -\frac{\operatorname{tg} C}{\operatorname{tg} a},$$

$$3)\ \operatorname{tg} b = \frac{\operatorname{tg} B}{\sin C}, \qquad 4)\ \cos A = -\cos B \cdot \cos C,$$

$$5)\ \cos A = -\operatorname{cotg} b \cdot \operatorname{cotg} c, \quad 6)\ \cos B = \frac{\cos b}{\sin c}.$$

C. Auflösung der schiefwinkligen, nicht rechtseitigen sphärischen Dreiecke.

§ 92. Lehrsatz. In jedem sphärischen Dreiecke verhalten sich die Sinus zweier Seiten wie die Sinus der gegenüberliegenden Winkel.

Fig. 33.

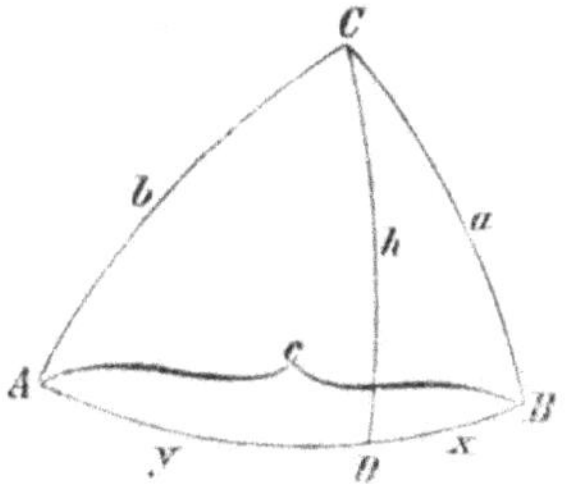

Fig. 34.

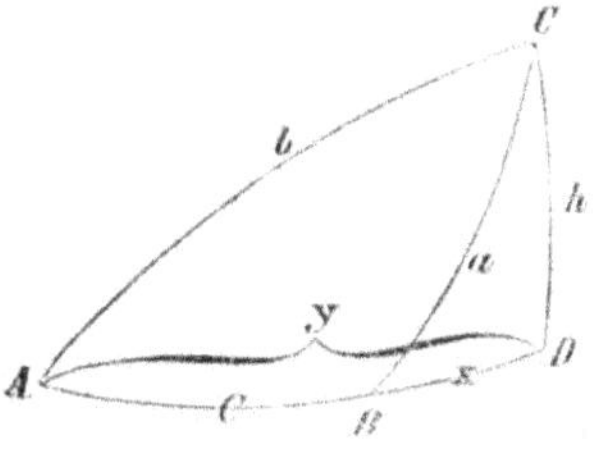

Beweis. Fällt man von der Spitze C das Loth $CD = h$ auf die gegenüberliegende Seite AB, so ist sowohl für das bei B spitzwinklige Dreieck (Fig. 33) als auch für das bei B stumpfwinklige Dreieck (Fig. 34)

$$\sin h = \sin A \cdot \sin b = \sin B \cdot \sin a \ (\S\ 86,\ 1))$$

$$\text{also } \sin a : \sin b = \sin A : \sin B.$$

Ebenso findet man

$$\sin b : \sin c = \sin B : \sin C, \text{ daher ist überhaupt:}$$

$$\sin a : \sin b : \sin c = \sin A : \sin B : \sin C.$$

Anmerkung. Dieser Satz heisst „Sinussatz".

§ 93. Lehrsatz. In jedem sphärischen Dreiecke ist der Cosinus einer Seite gleich dem Producte aus den Cosinus der beiden andern Seiten vermehrt um das Product aus den Sinus dieser Seiten und dem Cosinus des von ihnen eingeschlossenen Winkels.

Fig. 35.

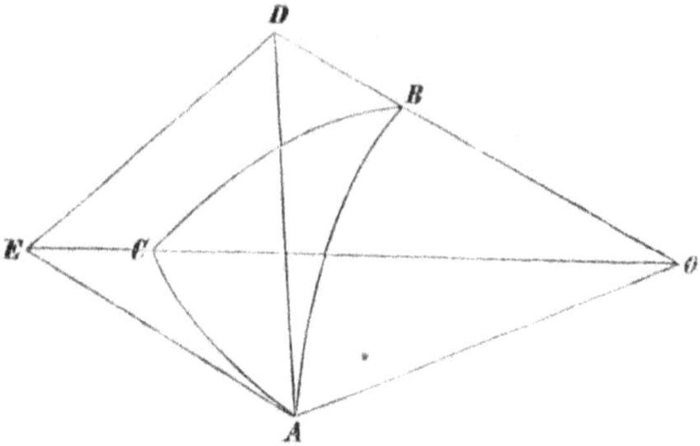

1. Beweis. Construirt man zu dem sphärischen Dreiecke ABC die zugehörige körperliche Ecke, zieht ferner in A die beiden Tangenten AD und AE an die Seiten AB und AC bis zum Durchschnitt mit OB und OC in den Punkten D und E, so ist im ebenen Dreiecke EOD:

$$ED^2 = DO^2 + EO^2 - 2\,DO \cdot EO \cdot \cos a,$$

im ebenen Dreiecke EAD ist in gleicher Weise

$$ED^2 = DA^2 + EA^2 - 2\,DA \cdot EA \cdot \cos A.$$

Dividirt man in beiden Gleichungen beide Seiten durch AO^2, so erhält man

$$\frac{1}{\cos c^2} + \frac{1}{\cos b^2} - 2 \cdot \frac{1}{\cos b \cdot \cos c} \cdot \cos A = \operatorname{tg} c^2 + \operatorname{tg} b^2$$
$$- 2 \operatorname{tg} b \cdot \operatorname{tg} c \cdot \cos a$$

Setzt man hierin $\operatorname{tg} c = \frac{\sin c}{\cos c}$ und $\operatorname{tg} b = \frac{\sin b}{\cos b}$, so erhält man nach einiger Reduction:

$$\cos a = \cos b \cdot \cos c + \sin b \cdot \sin c \cdot \cos A.$$

2. Beweis. Es ist (Fig. 33 u. 34), wenn die Segmente $BD = x$ und $AD = y$ gesetzt werden

$$\cos a = \cos h \cdot \cos x \text{ (§ 87).}$$

Nun ist $\cos x = \cos (c - y)$ (Fig. 33)

$= \cos (y - c)$ (Fig. 34).

Weil aber

$$\cos (c - y) = \cos (y - c) = \cos c \cdot \cos y + \sin c \cdot \sin y$$

und $\cos h = \frac{\cos b}{\cos y}$ (§ 87) ist, so ist überhaupt

$$\cos a = (\cos c \cdot \cos y + \sin c \cdot \sin y) \frac{\cos b}{\cos y}, \text{ oder}$$

$$\cos a = \cos b \cdot \cos c + \sin c \cdot \cos b \cdot \operatorname{tg} y.$$

Nach § 86, 3) ist aber

$$\operatorname{tg} y = \operatorname{tg} b \cdot \cos A, \text{ also } \cos b \cdot \operatorname{tg} y = \sin b \cdot \cos A,$$

daher endlich

$$\cos a = \cos b \cdot \cos c + \sin b \cdot \sin c \cdot \cos A.$$

In anderer Form heisst dieser Satz:

$$\cos A = \frac{\cos a - \cos b \cdot \cos c}{\sin b \cdot \sin c}.$$

Zusatz. Dieser Satz führt den Namen „Cosinussatz". — Man erhält in gleicher Weise

$$\cos b = \cos a \cdot \cos c + \sin a \cdot \sin c \cdot \cos B$$

$$\cos c = \cos a \cdot \cos b + \sin a \cdot \sin b \cdot \cos C$$

und in anderer Form:

$$\cos B = \frac{\cos b - \cos a \cdot \cos c}{\sin a \cdot \sin c},$$

$$\cos C = \frac{\cos c - \cos a \cdot \cos b}{\sin a \cdot \sin b},$$

Formeln, welche den in § 42 aufgestellten entsprechend sind.

§ 94. Sowie in der ebenen Trigonometrie der „Projections-" und der „Sinussatz" die Fundamentalformeln für die Auflösung der schiefwinkligen Dreiecke sind (vergl. § 41), ebenso sind die in den beiden vorhergehenden Paragraphen aufgestellten beiden Sätze, der „Sinussatz" und der „Cosinussatz" die Fundamentalformeln für die Auflösung der schiefwinkligen sphärischen Dreiecke. Durch den Sinussatz allein ist man im Stande, in den beiden Fällen, wo 2 Seiten und ein Gegenwinkel, oder 2 Winkel und eine Gegenseite gegeben sind, den anderen Gegenwinkel oder die andere Gegenseite zu finden. In beiden Fällen bleibt noch der dritte Winkel und die dritte Seite zu berechnen übrig, weil die Summe der Winkel eines sphärischen Dreiecks nicht constant ist, sondern zwischen den selbst ausgeschlossenen Grenzen $2R$ und $6R$ variirt. Der Cosinussatz giebt dagegen eine Formel, wonach man entweder aus 2 Seiten und dem eingeschlossenen Winkel die dritte Seite und dann durch zweimalige Anwendung des Sinussatzes die beiden anderen Winkel finden kann, oder man kann auch mit seiner Hülfe aus den 3 Seiten die 3 Winkel einzeln berechnen. Auch kann man, wenn aus 2 Seiten und dem eingeschlossenen Winkel die dritte Seite berechnet ist, die zweite Form der Cosinusformel zur Berechnung der fehlenden Winkel anwenden. Wenn man nun auch durch die Combination beider Formeln die bei der blossen Anwendung des Sinussatzes noch zu berechnenden beiden Stücke, die dritte Seite und den dritten Winkel, freilich in unbequemen Formeln, ausdrücken kann, so ist keine beider Formeln für die Fälle zu gebrauchen, wo entweder aus einer Seite und den beiden anliegenden Winkeln, oder aus den drei Winkeln eines sphärischen Dreiecks die fehlenden Stücke berechnet werden sollen. Die hierzu nöthigen Formeln sind indess nur unmittelbar sich ergebende Folgerungen aus dem Cosinussatze, wie wir bald sehen werden, so dass doch die genannten beiden Formeln als Fundamentalformeln gelten können.

§ 95. Bildet man zu einem sphärischen Dreiecke das reciproke Dreieck, so folgt aus dem Sinussatze keine neue Formel, weil derselbe durch Reciprocirung in sich selbst zurückkehrt. Dagegen folgt aus der Cosinusformel

$$\cos a = \cos b \cdot \cos c + \sin b \cdot \sin c \cdot \cos A$$

durch Reciprocirung, d. h. dadurch, dass man für jede darin vorkommende Seite das Supplement des entsprechenden Winkels, für den darin vorkommenden Winkel das Supplement der entsprechenden Seite nimmt, folgende neue Formel

$$-\cos A = \cos B \cdot \cos C - \sin B \cdot \sin C \cdot \cos a \text{ oder}$$

$$1)\ \cos A = \sin B \cdot \sin C \cdot \cos a - \cos B \cdot \cos C;$$

ebenso erhält man

$$\cos B = \sin A \cdot \sin C \cdot \cos b - \cos A \cdot \cos C \text{ und}$$

$$\cos C = \sin A \cdot \sin B \cdot \cos c - \cos A \cdot \cos B,$$

Formeln, um aus einer Seite und den beiden anliegenden Winkeln den dritten Winkel zu berechnen.

Aus 1) folgt leicht:

$$2)\ \cos a = \frac{\cos A + \cos B \cdot \cos C}{\sin B \cdot \sin C};$$

ebenso

$$\cos b = \frac{\cos B + \cos A \cdot \cos C}{\sin A \cdot \sin C} \text{ und}$$

$$\cos c = \frac{\cos C + \cos A \cdot \cos B}{\sin A \cdot \sin B},$$

Formeln, um aus den drei Winkeln die Seiten einzeln zu berechnen.

§ 96. Um aus zwei Seiten und dem eingeschlossenen Winkel eines sphärischen Dreiecks einen der beiden andern Winkel zu bestimmen, erhält man noch folgende Formel, welche der in § 46 aufgestellten separirten Tangentenformel ganz analog ist.

Fig. 36.

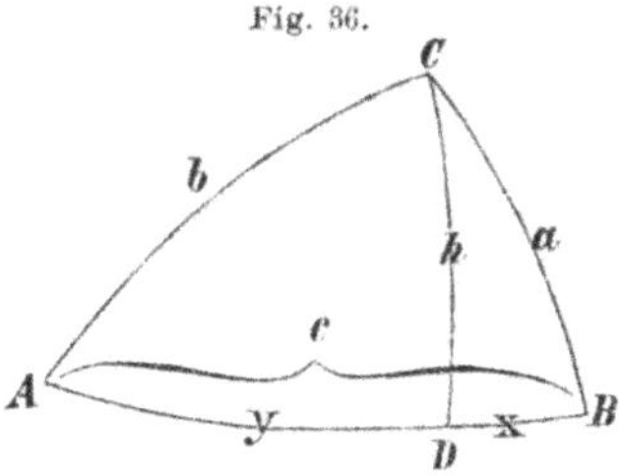

Wenn man nämlich in dem Dreiecke ABC (Fig. 36), die Höhe $CD = h$ zieht, und die Segmente der Grundlinie AD und DB mit y und x bezeichnet, so ist:

$$\operatorname{tg} A = \frac{\operatorname{tg} h}{\sin y} \quad (\S\ 86,\ 3)).$$

Nun ist $\operatorname{tg} h = \operatorname{tg} B \cdot \sin x$ und $\operatorname{tg} x = \operatorname{tg} a \cdot \cos B$ (§ 86);

$$\sin y = \sin (c - x) = \sin c \cdot \cos x - \cos c \cdot \sin x.$$

Daher ist:

$$\operatorname{tg} A = \frac{\operatorname{tg} B \cdot \sin x}{\sin c \cdot \cos x - \cos c \cdot \sin x} = \frac{\operatorname{tg} B \cdot \operatorname{tg} x}{\sin c - \cos c \cdot \operatorname{tg} x}$$

$$= \frac{\operatorname{tg} a \cdot \sin B}{\sin c - \operatorname{tg} a \cdot \cos c \cdot \cos B}.$$

Ebenso ist auch: $\operatorname{tg} A = \dfrac{\operatorname{tg} a \cdot \sin C}{\sin b - \operatorname{tg} a \cdot \cos b \cdot \cos C}$.

Zusatz: Durch Umformung vorstehender Formel erhält man:

$$\cos b \cdot \cos C = \sin b \cdot \operatorname{cotg} a - \sin C \cdot \operatorname{cotg} A.$$

§ 97. Durch Reciprocirung der vorhergehenden Formel, oder auch durch blosse Elimination erhält man

$$\operatorname{tg} a = \frac{\operatorname{tg} A \cdot \sin b}{\sin C + \operatorname{tg} A \cdot \cos C \cdot \cos b} = \frac{\operatorname{tg} A \cdot \sin c}{\sin B + \operatorname{tg} A \cdot \cos B \cdot \cos c}$$

eine Formel, nach welcher aus einer Seite und den beiden anliegenden Winkeln eine der beiden andern Seiten gefunden wird.

Zusatz. Man findet durch ganz ähnliche Ableitung, wie in § 96, ferner auch:

$$\operatorname{tg} C = \frac{\operatorname{tg} c \cdot \sin B}{\sin a - \operatorname{tg} c \cdot \cos a \cdot \cos B}$$

und $\operatorname{tg} C = \dfrac{\operatorname{tg} c \cdot \sin A}{\sin b - \operatorname{tg} c \cdot \cos b \cdot \cos A}$;

ebenso findet man hieraus

$$\operatorname{tg} c = \frac{\operatorname{tg} C \cdot \sin b}{\sin A + \operatorname{tg} C \cdot \cos A \cdot \cos b}, \text{ und}$$

$$\operatorname{tg} c = \frac{\operatorname{tg} C \cdot \sin a}{\sin B + \operatorname{tg} C \cdot \cos B \cdot \cos a},$$

so dass man nach diesen Formeln die beiden andern Winkel einzeln berechnen kann, wenn zwei Seiten und der eingeschlossene Winkel gegeben sind, und die beiden andern Seiten, wenn eine Seite und die beiden anliegenden Winkel die gegebenen Stücke sind.

§ 98. Von den bisher entwickelten Formeln zur Auflösung der schiefwinkligen sphärischen Dreiecke ist nur die durch den Sinussatz gegebene für logarithmische Rechnung bequem. Man erhält indess auch aus den übrigen Formeln solche, welche für die Rechnung mit Logarithmen bequem sind, wenn man statt der Functionen der ganzen Seiten und Winkel die Functionen der halben Seiten und Winkel ausdrückt, oder wenn man einen Hülfswinkel einführt.

Um zunächst aus der Formel des Cosinussatzes

$$\cos a = \cos b \cdot \cos c + \sin b \cdot \sin c \cdot \cos A$$

eine für die logarithmische Rechnung bequeme Formel zu erhalten, setze man

$$\cos A = 2 \cos \tfrac{1}{2} A^2 - 1$$

oder $\cos A = 1 - 2 \sin \tfrac{1}{2} A^2$;

man erhält alsdann

$$\cos a = \cos b \cdot \cos c - \sin b \cdot \sin c + 2 \sin b \cdot \sin c \cdot \cos \tfrac{1}{2} A^2,$$

und $\cos a = \cos b \cdot \cos c + \sin b \cdot \sin c - 2 \sin b \cdot \sin c \cdot \sin \tfrac{1}{2} A^2$.

Hieraus folgt:

$$\cos \tfrac{1}{2} A = \sqrt{\frac{\cos a - \cos (b + c)}{2 \sin b \cdot \sin c}}, \text{ und}$$

$$\sin \tfrac{1}{2} A = \sqrt{\frac{\cos (b - c) - \cos a}{2 \sin b \cdot \sin c}}.$$

Wendet man hierauf § 28, Formel 8) an, so ergiebt sich

$$\cos \tfrac{1}{2} A = \sqrt{\frac{\sin \tfrac{1}{2} (b + c + a) \sin \tfrac{1}{2} (b + c - a)}{\sin b \cdot \sin c}}, \text{ und}$$

$$\sin \tfrac{1}{2} A = \sqrt{\frac{\sin \tfrac{1}{2} (a + b - c) \sin \tfrac{1}{2} (a + c - b)}{\sin b \cdot \sin c}}.$$

Setzt man endlich $a + b + c = 2s$, so erhält man

$$1)\ \cos \tfrac{1}{2} A = \sqrt{\frac{\sin s \cdot \sin (s - a)}{\sin b \cdot \sin c}}, \text{ und}$$

$$2)\ \sin \tfrac{1}{2} A = \sqrt{\frac{\sin (s - b) \sin (s - c)}{\sin b \cdot \sin c}}.$$

Aus diesen beiden Formeln ergiebt sich sofort

$$3)\ \operatorname{tg} \tfrac{1}{2} A = \sqrt{\frac{\sin (s - b) \sin (s - c)}{\sin s \cdot \sin (s - a)}}, \text{ und}$$

$$4)\ \sin A = \frac{2}{\sin b \cdot \sin c} \sqrt{\sin s \cdot \sin (s - a) \sin (s - b) \sin (s - c)}.$$

Setzt man in $\cos A = \dfrac{\cos a - \cos b \cdot \cos c}{\sin b \cdot \sin c}$

$\cos b \cdot \cos c = \cos \varphi$, so erhält man

$$5)\ \cos A = \frac{2 \sin \frac{1}{2} (\varphi + a) \sin \frac{1}{2} (\varphi - a)}{\sin b \cdot \sin c}.$$

Anmerkung. Man vergleiche die Uebereinstimmung vorstehender 4 Formeln zur Berechnung eines Winkels aus den 3 Seiten mit den entsprechenden, in § 48 aufgestellten für das ebene Dreieck.

§ 99. Man erhält aus der Cosinusformel eine bequeme Formel zur Berechnung der dritten Seite aus zwei Seiten und dem eingeschlossenen Winkel durch Einführung eines Hülfswinkels. Setzt man nämlich in

$$\cos a = \cos b \cdot \cos c + \sin b \cdot \sin c \cdot \cos A$$

$$\cos b = m \cdot \cos \varphi \text{ und } \sin b \cdot \cos A = m \cdot \sin \varphi,$$

so dass also $m = \dfrac{\cos b}{\cos \varphi}$ und $\operatorname{tg} \varphi = \operatorname{tg} b \cdot \cos A$ wird, so erhält man

$$\cos a = \frac{\cos b}{\cos \varphi} \cdot \cos (c - \varphi).$$

§ 100. Setzt man in der in § 95 entwickelten Formel 1)

$$\cos A = \sin B \cdot \sin C \cdot \cos a - \cos B \cdot \cos C$$

$$\cos a = 2 \cos \tfrac{1}{2} a^2 - 1 \text{ und}$$

$= 1 - 2 \sin \frac{1}{2} a^2$, so erhält man nach bekannter Umformung

$$\cos \tfrac{1}{2} a = \sqrt{\frac{\cos \frac{1}{2} (A + B - C) \cos \frac{1}{2} (A + C - B)}{\sin B \cdot \sin C}} \text{ und}$$

$$\sin \tfrac{1}{2} a = \sqrt{\frac{- \cos \frac{1}{2} (A + B + C) \cos \frac{1}{2} (B + C - A)}{\sin B \cdot \sin C}}.$$

Setzt man nun $A + B + C = 2S$, so erhält man einfacher

$$1) \cos \tfrac{1}{2} a = \sqrt{\frac{\cos(S-C)\cos(S-B)}{\sin B \cdot \sin C}},$$

$$2) \sin \tfrac{1}{2} a = \sqrt{\frac{-\cos S \cdot \cos(S-A)}{\sin B \cdot \sin C}}.$$

Aus beiden folgt

$$3) \operatorname{tg} \tfrac{1}{2} a = \sqrt{\frac{-\cos S \cdot \cos(S-A)}{\cos(S-B) \cdot \cos(S-C)}} \text{ und}$$

$$4) \sin a = \frac{2}{\sin B \cdot \sin C} \sqrt{-\cos S \cdot \cos(S-A) \cdot \cos(S-B) \cos(S-C)}.$$

Setzt man endlich in $\cos a = \frac{\cos A + \cos B \cdot \cos C}{\sin B \cdot \sin C}$,

$$\cos B \cdot \cos C = \cos \varphi,$$

so erhält man

$$5) \cos a = \frac{2 \cos \tfrac{1}{2}(\varphi + A) \cdot \cos \tfrac{1}{2}(\varphi - A)}{\sin B \cdot \sin C}.$$

Zusatz. Man hätte die Formeln 1) und 2) auch unmittelbar aus den entsprechenden Formeln in § 98 durch Reciprocirung ableiten können. Bei dieser Reciprocirung hat man darauf zu achten, dass man den Sinus und Cosinus eines halben Winkels durch den Cosinus und Sinus der entsprechenden halben Seite, ferner den Sinus des halben Umfangs durch den negativen Cosinus der halben Winkelsumme, endlich den Sinus des um eine Seite verminderten halben Umfangs durch den Cosinus der um den der Seite entsprechenden Winkel verminderten Winkelsumme des reciproken Dreiecks ersetzt. Man ersetze also $\cos \frac{1}{2} A$ durch $\sin \frac{1}{2} a$, $\sin \frac{1}{2} A$ durch $\cos \frac{1}{2} a$, $\sin s$ durch $-\cos S$, endlich $\sin(s - a)$ durch $\cos(S - A)$.

§ 101. Aus der Formel (§ 96)

$$\operatorname{tg} A = \frac{\operatorname{tg} a \cdot \sin C}{\sin b - \operatorname{tg} a \cdot \cos b \cdot \cos C}$$

erhält man eine für logarithmische Rechnung bequeme Formel, wenn man $\operatorname{tg} a \cdot \cos C = \operatorname{tg} \varphi$ setzt; man erhält alsdann nämlich

$$\operatorname{tg} A = \frac{\operatorname{tg} a \cdot \sin C \cdot \cos \varphi}{\sin(b - \varphi)}.$$

In gleicher Weise geht die Formel (§ 97)

$$\operatorname{tg} a = \frac{\operatorname{tg} A \cdot \sin b}{\sin C + \operatorname{tg} A \cdot \cos C \cdot \cos b},$$

wenn man $\operatorname{tg} A \cdot \cos b = \operatorname{tg} \psi$ setzt, über in

$$\operatorname{tg} a = \frac{\operatorname{tg} A \cdot \sin b \cdot \cos \psi}{\sin (C + \psi)}.$$

§ 102. Die sämmtlichen bisher entwickelten Formeln zur Auflösung der schiefwinkligen sphärischen Dreiecke drücken eine Relation zwischen je vier verschiedenen Stücken eines sphärischen Dreiecks aus, so das stets eins derselben durch die drei andern bestimmt ist. Man kann indess auch solche ableiten, welche Beziehungen zwischen fünf oder gar sechs Stücken eines sphärischen Dreiecks enthalten. Diejenigen Formeln dieser Art, welche die Beziehungen zwischen sechs oder fünf Stücken in einer für die Berechnung geeigneten Form ausdrücken, sind die Gauss'schen Formeln und die Neper'schen Analogieen.

§ 103. Stellt man die in § 98 für den Sinus und Cosinus eines halben Winkels, ausgedrückt durch die 3 Seiten, entwickelten Formeln zusammen, so hat man

$$\sin \tfrac{1}{2} A = \sqrt{\frac{\sin (s - b) \sin (s - c)}{\sin b \cdot \sin c}},$$

$$\sin \tfrac{1}{2} B = \sqrt{\frac{\sin (s - a) \sin (s - c)}{\sin a \,.\, \sin c}},$$

$$\sin \tfrac{1}{2} C = \sqrt{\frac{\sin (s - a) \sin (s - b)}{\sin a \cdot \sin b}},$$

$$\cos \tfrac{1}{2} A = \sqrt{\frac{\sin s \cdot \sin (s - a)}{\sin b \cdot \sin c}},$$

$$\cos \tfrac{1}{2} B = \sqrt{\frac{\sin s \cdot \sin (s - b)}{\sin a \cdot \sin c}},$$

$$\cos \tfrac{1}{2} C = \sqrt{\frac{\sin s \cdot \sin (s - c)}{\sin a \cdot \sin b}}.$$

Setzt man nun in die allgemeinen Formeln

$\sin \tfrac{1}{2} (A \pm B) = \sin \tfrac{1}{2} A \cdot \cos \tfrac{1}{2} B \pm \cos \tfrac{1}{2} A \cdot \sin \tfrac{1}{2} B$ und

$\cos \tfrac{1}{2} (A \pm B) = \cos \tfrac{1}{2} A \cdot \cos \tfrac{1}{2} B \mp \sin \tfrac{1}{2} A \cdot \sin \tfrac{1}{2} B$

die oben stehenden Werthe für $\sin \tfrac{1}{2} A$, $\cos \tfrac{1}{2} A$, $\sin \tfrac{1}{2} B$, $\cos \tfrac{1}{2} B$ ein, so erhält man zunächst

$$\sin \tfrac{1}{2} (A + B) = \frac{\sin (s - b)}{\sin c} \cdot \cos \tfrac{1}{2} C + \frac{\sin (s - a)}{\sin c} \cdot \cos \tfrac{1}{2} C$$

oder

$$\frac{\sin\frac{1}{2}(A+B)}{\cos\frac{1}{2}C}=\frac{\sin(s-b)+\sin(s-a)}{\sin c}$$

$$=\frac{2\sin\frac{1}{2}(2s-(a+b))\cos\frac{1}{2}(a-b)}{2\sin\frac{1}{2}c\cdot\cos\frac{1}{2}c},$$

oder endlich, da $2s-(a+b)=c$ ist,

$$\frac{\sin\frac{1}{2}(A+B)}{\cos\frac{1}{2}C}=\frac{\cos\frac{1}{2}(a-b)}{\cos\frac{1}{2}c}\quad\text{(1. Gauss'sche Formel).}$$

Ebenso findet man

$$\frac{\sin\frac{1}{2}(A-B)}{\cos\frac{1}{2}C}=\frac{\sin(s-b)-\sin(s-a)}{\sin c}$$

$$=\frac{2\cos\frac{1}{2}(2s-(a+b))\sin\frac{1}{2}(a-b)}{2\sin\frac{1}{2}c\cdot\cos\frac{1}{2}c},$$

er endlich:

$$\frac{\sin\frac{1}{2}(A-B)}{\cos\frac{1}{2}C}=\frac{\sin\frac{1}{2}(a-b)}{\sin\frac{1}{2}c}\quad\text{(2. Gauss'sche Formel).}$$

In gleicher Weise erhält man:

$$\cos\frac{1}{2}(A+B)=\frac{\sin s}{\sin c}\sin\frac{1}{2}C-\frac{\sin(s-c)}{\sin c}\cdot\sin\frac{1}{2}C$$

oder

$$\frac{\cos\frac{1}{2}(A+B)}{\sin\frac{1}{2}C}=\frac{\sin s-\sin(s-c)}{\sin c}$$

$$=\frac{2\cos\frac{1}{2}(2s-c)\cdot\sin\frac{1}{2}c}{2\sin\frac{1}{2}c\cdot\cos\frac{1}{2}c}$$

oder endlich:

$$\frac{\cos\frac{1}{2}(A+B)}{\sin\frac{1}{2}C}=\frac{\cos\frac{1}{2}(a+b)}{\cos\frac{1}{2}c}\quad\text{(3. Gauss'sche Formel).}$$

Schliesslich erhält man noch:

$$\frac{\cos\frac{1}{2}(A-B)}{\sin\frac{1}{2}C}=\frac{\sin s+\sin(s-c)}{\sin c}$$

$$=\frac{2\sin\frac{1}{2}(2s-c)\cos\frac{1}{2}c}{2\sin\frac{1}{2}c\cdot\cos\frac{1}{2}c},$$

woraus endlich

$$\frac{\cos\frac{1}{2}(A-B)}{\sin\frac{1}{2}C}=\frac{\sin\frac{1}{2}(a+b)}{\sin\frac{1}{2}c}\quad\text{(4. Gauss'sche Formel).}$$

§ 104. Die Neper'schen Analogieen sind unmittelbare Folgerungen aus den Gauss'schen Formeln. Dividirt man die 1. und 3. Gauss'sche Formel durch einander, so erhält man:

$$\operatorname{tg}\frac{1}{2}(A+B)=\frac{\cos\frac{1}{2}(a-b)}{\cos\frac{1}{2}(a+b)}\cdot\operatorname{cotg}\frac{1}{2}C\quad\text{(1. Neper'sche Anal.).}$$

Durch Division der 2. und 4. Gauss'schen Formel ergiebt sich:

$$\operatorname{tg} \tfrac{1}{2}(A - B) = \frac{\sin \frac{1}{2}(a - b)}{\sin \frac{1}{2}(a + b)} \cdot \operatorname{cotg} \tfrac{1}{2} C \quad \text{(2. Nep. Anal.)}.$$

Durch Division der 4. und 3. Gauss'schen Formel findet man

$$\operatorname{tg} \tfrac{1}{2}(a + b) = \frac{\cos \frac{1}{2}(A - B)}{\cos \frac{1}{2}(A + B)} \cdot \operatorname{tg} \tfrac{1}{2} c \quad \text{(3. Nep. Anal.)}.$$

Endlich erhält man, wenn man die 2. und 1. Gauss'sche Formel durch einander dividirt:

$$\operatorname{tg} \tfrac{1}{2}(a - b) = \frac{\sin \frac{1}{2}(A - B)}{\sin \frac{1}{2}(A + B)} \cdot \operatorname{tg} \tfrac{1}{2} c \quad \text{(4. Nep. Anal.)}.$$

Zusatz. Die Neper'schen Analogieen werden mit Vortheil zur Berechnung angewandt, wenn entweder 2 Seiten und der eingeschlossene Winkel oder 2 Winkel und die eingeschlossene Seite gegeben sind; im ersten Falle findet man nach der 1. und 2. Nep. Anal. die halbe Summe und die halbe Differenz der beiden andern Winkel, also diese einzeln, im zweiten Falle nach der 3. und 4. Nep. Anal. die halbe Summe und die halbe Differenz der beiden andern Seiten, woraus sich diese selbst wiederum leicht ergeben. Nach den Gauss'schen Formeln erhält man alsdann den dritten Winkel oder die dritte Seite in einfacher Formel ausgedrückt. Auch für die Fälle, dass 2 Seiten und ein Gegenwinkel oder 2 Winkel und eine Gegenseite gegeben sind, findet man nach einmaliger Anwendung des Sinussatzes die noch fehlenden Stücke mit Hülfe der Neper'schen Analogieen.

§ 105. Zur Auflösung des gleichschenkligen sphärischen Dreiecks, in welchem auch die den gleichen Seiten gegenüberliegenden Winkel einander gleich sind, findet man die betreffenden Formeln entweder dadurch, dass man durch ein Loth von der Spitze desselben auf die Grundlinie das gleichschenklige Dreieck in 2 symmetrische rechtwinklige Dreiecke zerlegt und §§ 86—90 anwendet, oder dadurch, dass man in den Gauss'schen Formeln und den Neper'schen Analogieen $a = b$ und ebenso $A = B$ setzt,

Auf die letzte Weise erhält man aus den Gauss'schen Formeln 1) und 4):

$$1)\ \cos \tfrac{1}{2} c = \frac{\cos \frac{1}{2} C}{\sin A}, \quad 2)\ \sin \tfrac{1}{2} C = \frac{\sin \frac{1}{2} c}{\sin a};$$

aus den Neper'schen Analogieen 1) und 3) erhält man

$$3)\ \operatorname{tg} A = \frac{\operatorname{cotg} \frac{1}{2} C}{\cos a}, \quad 4)\ \operatorname{tg} a = \frac{\operatorname{tg} \frac{1}{2} c}{\cos A}.$$

Wird noch $c = a$, und also auch $C = A$, so erhält man zur Auflösung des gleichseitigen und gleichwinkligen sphärischen Dreiecks aus 1) und 2) die Formeln:

$$5)\ \cos \tfrac{1}{2} a = \frac{\cos \frac{1}{2} A}{\sin A} = \frac{1}{2 \sin \frac{1}{2} A}, \quad 6)\ \sin \tfrac{1}{2} A = \frac{1}{2 \cos \frac{1}{2} a};$$

aus 3) und 4) erhält man:

$$7)\ \cos a = \operatorname{cotg} \tfrac{1}{2} A \cdot \operatorname{cotg} A \qquad 8)\ \cos A = \operatorname{tg} \tfrac{1}{2} c \cdot \operatorname{cotg} a$$

Zusatz. Wie lassen sich die Formeln 7) und 8) aus 5) und 6), oder umgekehrt die Formeln 5) und 6) aus 7) und 8) ableiten?

D. Bestimmung des Flächeninhalts der sphärischen Dreiecke und der zugehörigen Radien.

§ 106. Die Bestimmung des Flächeninhalts eines sphärischen Dreiecks erfordert nach den Lehren der Stereometrie die Kenntniss des Ueberschusses der Summe seiner Winkel über 180^0, seines sphärischen Excesses, $E = A + B + C - 180^0$. Sind die 3 Winkel gegeben, so hat man den sphärischen Excess unmittelbar; kennt man 2 Winkel und eine Seite, wobei die gegebene Seite einem der Winkel gegenüberliegen kann oder nicht, so findet man (vergl. § 104 Zus.) den dritten Winkel durch die Neper'schen Analogieen. Ebenso erhält man die beiden andern Winkel nach denselben Formeln, wenn zwei Seiten und ein Gegenwinkel die gegebenen Stücke sind; die beiden übrigen Fälle, nämlich aus 2 Seiten und dem eingeschlossenen Winkel, und aus den drei Seiten den Flächeninhalt des sphärischen Dreiecks zu bestimmen, werden dadurch erledigt, dass man mit Hülfe der Gauss'schen Formeln direct einen Ausdruck für den sphärischen Excess E des Dreiecks angiebt, ausgedrückt durch die gegebenen Stücke.

§ 107. Aus 2 Seiten und dem eingeschlossenen Winkel findet man den sphärischen Excess auf folgende Weise.

Gegeben seien die Seiten a und b, und der eingeschlossenen Winkel C.

Nach den Gauss'schen Formeln 1) und 3) (§ 103) ist:

$$\sin \tfrac{1}{2}(A+B) = \frac{\cos \frac{1}{2}(a-b)}{\cos \frac{1}{2} c} \cdot \cos \tfrac{1}{2} C, \text{ und}$$

$$\cos \tfrac{1}{2}(A+B) = \frac{\cos \frac{1}{2}(a+b)}{\cos \frac{1}{2} c} \cdot \sin \tfrac{1}{2} C.$$

Durch Multiplication der ersten dieser beiden Gleichungen mit $\cos \frac{1}{2} C$, der zweiten mit $\sin \frac{1}{2} C$ und vollzogene Addition beider Resultate erhält man

$$\sin \tfrac{1}{2}(A+B+C) = \frac{\cos \frac{1}{2}(a-b) \cdot \cos \frac{1}{2} C^2 + \cos \frac{1}{2}(a+b) \sin \frac{1}{2} C^2}{\cos \frac{1}{2} c}.$$

Nun ist $\frac{1}{2}(A+B+C) = \frac{1}{2} E + 90^0$, also $\sin \frac{1}{2}(A+B+C) = \sin(\frac{1}{2} E + 90^0) = \cos \frac{1}{2} E$.

Führt man ferner auf der rechten Seite der vorhergehenden Gleichung die Ausdrücke $\cos \frac{1}{2}(a-b)$ und $\cos \frac{1}{2}(a+b)$ aus, und berücksichtigt, dass $\cos \frac{1}{2} C^2 + \sin \frac{1}{2} C^2 = 1$, und

$\cos \frac{1}{2} C^2 - \sin \frac{1}{2} C^2 = \cos C$ ist, so erhält man:

$$\cos \tfrac{1}{2} E = \frac{\cos \frac{1}{2} a \cdot \cos \frac{1}{2} b + \sin \frac{1}{2} a \cdot \sin \frac{1}{2} b \cdot \cos C}{\cos \frac{1}{2} c}. \qquad (1)$$

Wenn man dagegen die erste der beiden ursprünglichen Gleichungen mit $\sin \frac{1}{2} C$, die zweite mit $\cos \frac{1}{2} C$ multiplicirt, und das erste Resultat vom zweiten subtrahirt, so erhält man:

$$\cos \tfrac{1}{2}(A+B+C) = \frac{\cos \frac{1}{2}(a+b) - \cos \frac{1}{2}(a-b)}{\cos \frac{1}{2} c} . \cos \tfrac{1}{2} C \cdot \sin \tfrac{1}{2} C.$$

Nun ist $\cos \frac{1}{2}(A+B+C) = -\sin \frac{1}{2} E$; verwandelt man ferner die Differenz der beiden Cosinus auf der rechten Seite der vorhergehenden Gleichung in ein Product, und berücksichtigt, dass $2 \cdot \cos \frac{1}{2} C \cdot \sin \frac{1}{2} C = \sin C$ ist, so ist:

$$\sin \tfrac{1}{2} E = \frac{\sin \frac{1}{2} a \cdot \sin \frac{1}{2} b \cdot \sin C}{\cos \frac{1}{2} c}. \qquad (2)$$

Durch Division der Formeln (2) und (1) erhält man endlich

$$\operatorname{tg} \tfrac{1}{2} E = \frac{\sin \frac{1}{2} a \cdot \sin \frac{1}{2} b \cdot \sin C}{\cos \frac{1}{2} a \cdot \cos \frac{1}{2} b + \sin \frac{1}{2} a \cdot \sin \frac{1}{2} b \cdot \cos C}$$

$$= \frac{\operatorname{tg} \frac{1}{2} a \cdot \sin \frac{1}{2} b \cdot \sin C}{\cos \frac{1}{2} b + \operatorname{tg} \frac{1}{2} a \cdot \sin \frac{1}{2} b \cdot \cos C}.$$

Diese Formel wird für logarithmische Rechnung bequem, wenn man $\operatorname{tg} \frac{1}{2} a \cdot \cos C = \operatorname{tg} \varphi$ setzt; man erhält alsdann:

$$\operatorname{tg} \tfrac{1}{2} E = \frac{\operatorname{tg} \frac{1}{2} a \cdot \sin \frac{1}{2} b \cdot \sin C \cdot \cos \varphi}{\cos(\varphi - \frac{1}{2} b)}.$$

§ 108. **Aus den drei Seiten findet man den sphärischen Excess auf folgende Weise.**

Gegeben seien die drei Stücke a, b und c.

Nach den Gauss'schen Gleichungen (§ 103) ist:

$$\frac{\sin\frac{1}{2}(A+B)}{\cos\frac{1}{2}C} = \frac{\cos\frac{1}{2}(a-b)}{\cos\frac{1}{2}c};$$ hieraus erhält man die Proportion:

$$\frac{\sin\frac{1}{2}(A+B)-\cos\frac{1}{2}C}{\sin\frac{1}{2}(A+B)+\cos\frac{1}{2}C} = \frac{\cos\frac{1}{2}(a-b)-\cos\frac{1}{2}c}{\cos\frac{1}{2}(a-b)+\cos\frac{1}{2}c}.$$

Setzt man hierin $\cos\frac{1}{2}C = \sin\frac{1}{2}(180^0 - C)$ und verwandelt auf beiden Seiten der Gleichung die Differenzen und Summen nach § 28 in Producte, so erhält man:

$$\frac{\sin\frac{1}{4}(A+B+C-180^0)\cdot\cos\frac{1}{4}(A+B-C+180^0)}{\cos\frac{1}{4}(A+B+C-180^0)\cdot\sin\frac{1}{4}(A+B-C+180^0)}$$

$$= \frac{\sin\frac{1}{4}(a-b+c)\cdot\sin\frac{1}{4}(b+c-a)}{\cos\frac{1}{4}(a-b+c)\cdot\cos\frac{1}{4}(b+c-a)} \qquad (1)$$

Ebenso erhält man aus der Gauss'schen Gleichung

$$\frac{\cos\frac{1}{2}(A+B)}{\sin\frac{1}{2}C} = \frac{\cos\frac{1}{2}(a+b)}{\cos\frac{1}{2}c}$$ nach der Lehre von den Proportionen:

$$\frac{\sin\frac{1}{2}C-\cos\frac{1}{2}(A+B)}{\sin\frac{1}{2}C+\cos\frac{1}{2}(A+B)} = \frac{\cos\frac{1}{2}c-\cos\frac{1}{2}(a+b)}{\cos\frac{1}{2}c+\cos\frac{1}{2}(a+b)}.$$

Setzt man hier $\sin\frac{1}{2}C = \cos\frac{1}{2}(180^0 - C)$ und verwandelt ebenfalls die Differenzen und Summen in Producte, so erhält man:

$$\frac{\sin\frac{1}{4}(A+B+C-180^0)\cdot\sin\frac{1}{4}(A+B-C+180^0)}{\cos\frac{1}{4}(A+B+C-180^0)\cdot\cos\frac{1}{4}(A+B-C+180^0)} =$$

$$\frac{\sin\frac{1}{4}(a+b+c)\cdot\sin\frac{1}{4}(a+b-c)}{\cos\frac{1}{4}(a+b+c)\cdot\cos\frac{1}{4}(a+b-c)}. \qquad (2)$$

Durch Multiplication erhält man aus (1) und (2):

$$\operatorname{tg}\frac{1}{4}(A+B+C-180^0) = \operatorname{tg}\frac{1}{4}E =$$

$$\sqrt{\operatorname{tg}\frac{1}{4}(a+b+c)\cdot\operatorname{tg}\frac{1}{4}(a+b-c)\cdot\operatorname{tg}\frac{1}{4}(a+c-b)\cdot\operatorname{tg}\frac{1}{4}(b+c-a)},$$

oder, wenn man $a+b+c$ in üblicher Weise $= 2s$ setzt,

$$\operatorname{tg}\frac{1}{4}E = \sqrt{\operatorname{tg}\frac{1}{2}s\cdot\operatorname{tg}\frac{1}{2}(s-a)\cdot\operatorname{tg}\frac{1}{2}(s-b)\,.\,\operatorname{tg}\frac{1}{2}(s-c)}.$$

Anmerkung. Diese Formel heisst die Formel von L'Huillier.

§ 109. Die in den beiden letzten Paragraphen aufgestellten Formeln werden für specielle Fälle einfacher. Ist z. B. $\measuredangle C = 90^0$, so erhält man aus der in § 107 entwickelten Formel zur Bestimmung des sphärischen Excesses eines rechtwinkligen sphärischen Dreiecks durch seine Katheten die einfache Formel

1) $\operatorname{tg}\frac{1}{2}E = \operatorname{tg}\frac{1}{2}a\cdot\operatorname{tg}\frac{1}{2}b.$

Man kann dieselbe Formel unabhängig von der Formel § 107 finden, wenn man berücksichtigt, dass für den Fall $C = 90^0$ $E = A + B - 90^0$, also $\cos E = \cos(A + B - 90^0) = \sin(A + B)$

$$= \sin A \cdot \cos B + \cos A \cdot \sin B \text{ ist,}$$

und hierin $\sin A$, $\cos A$, $\sin B$ und $\cos B$ nach § 86 oder nach der Neper'schen Regel (§ 90) durch Funktionen der Seiten ausdrückt. Man erhält nämlich:

$$\cos E = \frac{\sin a}{\sin c} \cdot \frac{\operatorname{tg} a}{\operatorname{tg} c} + \frac{\operatorname{tg} b}{\operatorname{tg} c} \cdot \frac{\sin b}{\sin c}.$$

Setzt man hierin für die Tangente den Quotienten des Sinus durch den Cosinus, so erhält man, da

$$\cos c = \cos a \cdot \cos b \text{ ist } (\S\ 87)$$

$$\cos E = \frac{\sin a^2 \cdot \cos b + \sin b^2 \cdot \cos a}{\sin c^2},$$

oder

$$\cos E = \frac{(1 - \cos a^2)\cos b + (1 - \cos b^2) \cdot \cos a}{1 - \cos a^2 \cdot \cos b^2}$$

$$= \frac{(\cos a + \cos b)(1 - \cos a \cdot \cos b)}{1 - \cos a^2 \cdot \cos b^2}$$

$$= \frac{\cos a + \cos b}{1 + \cos a \cdot \cos b}.$$

Da nun (§ 27, Formel 15)) $\operatorname{tg} \frac{1}{2} \alpha = \sqrt{\frac{1 - \cos \alpha}{1 + \cos \alpha}}$ ist, so hat man

$$\operatorname{tg} \tfrac{1}{2} E$$

$$= \sqrt{\frac{1 + \cos a \cdot \cos b - \cos a - \cos b}{1 + \cos a \cdot \cos b} \cdot \frac{1 + \cos a \cdot \cos b}{1 + \cos a \cdot \cos b + \cos a + \cos b}}$$

$$= \sqrt{\frac{(1 - \cos a)(1 - \cos b)}{(1 + \cos a)(1 + \cos b)}} = \operatorname{tg} \tfrac{1}{2} a \cdot \operatorname{tg} \tfrac{1}{2} b.$$

Ist das Dreieck gleichschenklig und $a = b$, so wird aus Formel § 108:

$$\operatorname{tg} \tfrac{1}{4} E = \operatorname{tg} \tfrac{1}{2} (s - a) \sqrt{\operatorname{tg} \tfrac{1}{2} s \cdot \operatorname{tg} (s - c)}$$

Hieraus erhält man leicht:

2) $\operatorname{tg} \frac{1}{4} E = \operatorname{tg} \frac{1}{4} c \sqrt{\operatorname{tg} \frac{1}{2} (a + \frac{1}{2} c) \cdot \operatorname{tg} \frac{1}{2} (a - \frac{1}{2} c)}$.

Für ein gleichseitiges Dreieck, dessen Seite a ist, erhält man:

3) $\operatorname{tg} \frac{1}{4} E = \operatorname{tg} \frac{1}{4} a \sqrt{\operatorname{tg} \frac{3}{4} a \cdot \operatorname{tg} \frac{1}{4} a}$.

§ 110. Der Radius r des einem sphärischen Dreiecke umschriebenen Kreises wird auf folgende Weise erhalten.

Ist (Fig. 37) O der Mittelpunkt des umschriebenen Kreises, also $OA = OB = OC$, so ist, wenn man in dem gleichschenkligen Dreiecke ABO das Loth OD fällt,

$$\operatorname{tg} r = \frac{\operatorname{tg} AD}{\cos OAD} = \frac{\operatorname{tg} \frac{1}{2} c}{\cos OAD}.$$

Fig. 37.

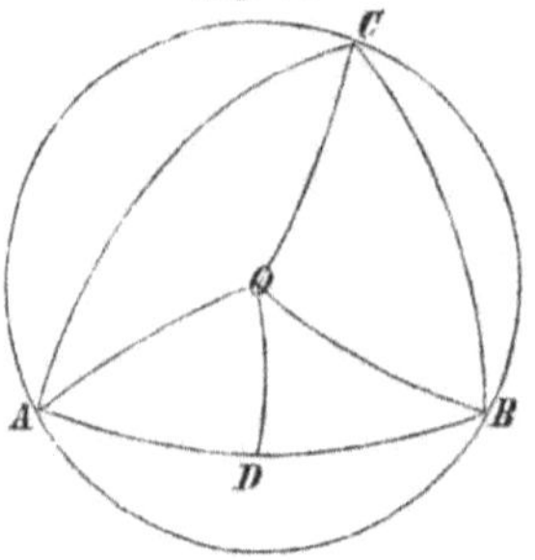

Es ergiebt sich nun leicht, dass
$\sphericalangle\, OAD = \frac{1}{2}(A + B - C) = S - C$
ist; wir erhalten daher

$$1)\ \operatorname{tg} r = \frac{\operatorname{tg} \frac{1}{2} c}{\cos (S - C)} = \frac{\operatorname{tg} \frac{1}{2} b}{\cos (S - B)} = \frac{\operatorname{tg} \frac{1}{2} a}{\cos (S - A)}.$$

Setzt man hierin den in § 100, Formel 3) angegebenen Werth für $\operatorname{tg} \frac{1}{2} a$, so erhält man

$$2)\ \operatorname{tg} r = \sqrt{\frac{-\cos S}{\cos (S - A) \cdot \cos (S - B) \cdot \cos (S - C)}} = \frac{\cos S}{\sqrt{-\cos S \cdot \cos (S - A) \cos (S - B) \cos (S - C)}}$$

eine Formel, um den Radius r durch die drei Winkel auszudrücken. Eine andere Formel, welche den Radius durch die drei Seiten ausdrückt, erhält man mit Hülfe der Gauss'schen Formeln. Es ist nämlich nach jenen Formeln

$$\cos \tfrac{1}{2}(A + B) = \frac{\cos \frac{1}{2}(a + b)}{\cos \frac{1}{2} c} \cdot \sin \tfrac{1}{2} C \text{ und}$$

$$\sin \tfrac{1}{2}(A + B) = \frac{\cos \frac{1}{2}(a - b)}{\cos \frac{1}{2} c} \cdot \cos \tfrac{1}{2} C.$$

Multiplicirt man die erste dieser Gleichungen mit $\cos \frac{1}{2} C$, die zweite mit $\sin \frac{1}{2} C$, so erhält man durch Addition der Resultate

$$\cos \tfrac{1}{2}(A + B - C) = \cos (S - C) = \frac{\cos \frac{1}{2}(a + b) + \cos \frac{1}{2}(a - b)}{\cos \frac{1}{2} c} \cdot \tfrac{1}{2} \sin C$$

$$= \frac{\cos \frac{1}{2} a \cdot \cos \frac{1}{2} b}{\cos \frac{1}{2} c} \cdot \sin C.$$

Setzt man diesen Ausdruck für $\cos (S - C)$ in Formel 1), so ergiebt sich

$$\operatorname{tg} r = \frac{\sin \frac{1}{2} c}{\cos \frac{1}{2} a \cdot \cos \frac{1}{2} b \cdot \sin C},$$

und wenn man endlich hierin den für $\sin C$ in § 98, 4) gefundenen Werth einsetzt, so erhält man

$$\operatorname{tg} r = \frac{\sin \frac{1}{2} c \cdot \sin a \cdot \sin b}{2 \cos \frac{1}{2} a \cdot \cos \frac{1}{2} b \sqrt{\sin s \cdot \sin (s - a) \sin (s - b) \sin (s - c)}}$$

woraus man nach einfacher Reduction erhält:

$$3)\ \operatorname{tg} r = \frac{2 \sin \tfrac{1}{2} a \cdot \sin \tfrac{1}{2} b \cdot \sin \tfrac{1}{2} c}{\sqrt{\sin s \cdot \sin (s-a) \cdot \sin (s-b) \cdot \sin (s-c)}}.$$

§ 111. Zur Bestimmung des Radius des einem sphärischen Dreiecke eingeschriebenen Kreises ϱ sei Fig. 38 O der Mittelpunkt, OD der Radius und die Punkte E und F die beiden anderen Berührungspunkte eines solchen Kreises. Dann ergiebt sich leicht aus dem rechtwinkligen Dreiecke AOD, in welchem $\sphericalangle OAD = \frac{1}{2} A$ ist, $\operatorname{tg} \varrho = \operatorname{tg} \frac{1}{2} A \cdot \sin AD$, und da $AD = (s-a)$ ist, wie sich ganz leicht ergiebt, so hat man

Fig. 38.

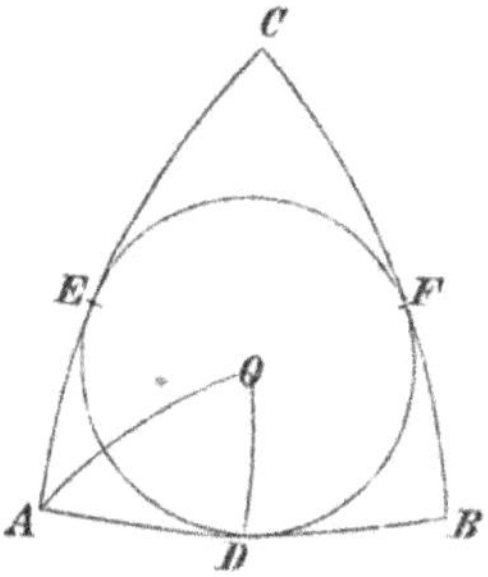

$$1)\ \operatorname{tg} \varrho = \operatorname{tg} \tfrac{1}{2} A \cdot \sin (s-a).$$

Setzt man hierin nach § 98, Formel 3)

$$\operatorname{tg} \tfrac{1}{2} A = \sqrt{\frac{\sin (s-b) \sin (s-c)}{\sin s \cdot \sin (s-a)}},$$ so erhält man

$$2)\ \operatorname{tg} \varrho = \sqrt{\frac{\sin (s-a) \sin (s-b) \sin (s-c)}{\sin s}}$$

$$= \frac{\sqrt{\sin s \cdot \sin (s-a) \sin (s-b) \sin (s-c)}}{\sin s},$$

wonach man den Radius des eingeschriebenen Kreises aus den drei Seiten des Dreiecks leicht berechnen kann. Die Gauss'schen Formeln ergeben aus 1) eine neue Formel für den Radius ϱ, in welcher derselbe durch die drei Winkel ausgedrückt ist.

Es ist nämlich nach jenen Formeln

$$\cos \tfrac{1}{2} (b+c) = \frac{\cos \tfrac{1}{2} (B+C)}{\sin \tfrac{1}{2} A} \cdot \cos \tfrac{1}{2} a, \text{ und}$$

$$\sin \tfrac{1}{2} (b+c) = \frac{\cos \tfrac{1}{2} (B-C)}{\sin \tfrac{1}{2} A} \cdot \sin \tfrac{1}{2} a.$$

Multiplicirt man die erste dieser Gleichungen mit $\sin \frac{1}{2} a$, die zweite mit $\cos \frac{1}{2} a$, so erhält man durch Subtraction beider Resultate

$$\sin \tfrac{1}{2} (b+c-a) = \sin (s-a)$$

$$= \frac{\cos \tfrac{1}{2} (B-C) - \cos \tfrac{1}{2} (B+C)}{\sin \tfrac{1}{2} A} \cdot \tfrac{1}{2} \sin a$$

$$= \frac{\sin \tfrac{1}{2} B \cdot \sin \tfrac{1}{2} C \cdot \sin a}{\sin \tfrac{1}{2} A}.$$

Setzt man hierin noch für sin a den Werth aus § 100, Formel 4), so erhält man nach einiger Reduction

$$3)\ \operatorname{tg}\varrho = \frac{1}{2\cos\frac{1}{2}A\cdot\cos\frac{1}{2}B\cdot\cos\frac{1}{2}C}\cdot\sqrt{-\cos S\cdot\cos(S-A)\cos(S-B)\cos(S-C)}$$

wofür man auch setzen kann

$$4)\ \operatorname{cotg}\varrho = \frac{2\cdot\cos\frac{1}{2}A\cdot\cos\frac{1}{2}B\cdot\cos\frac{1}{2}C}{\sqrt{-\cos S\cdot\cos(S-A)\cos(S-B)\cos(S-C)}}.$$

Zusatz. Für besondere Fälle (z. B. für rechtwinklige, rechtseitige, gleichschenklige und gleichseitige Dreiecke) können die Formeln in den vorhergehenden Paragraphen noch vereinfacht werden.

E. Beispiele praktischer Berechnung sphärisch-trigonometrischer Aufgaben.

Vorbemerkung. Die Auflösung der sphärischen Dreiecke bietet für die rechtwinkligen, rechtseitigen und schiefwinkligen Dreiecke je 6 Hauptaufgaben, die in Folgendem behandelt werden sollen. Die Berechnung der Radien r und ϱ soll nur für einzelne Beispiele gemacht werden.

§ 112. **Von einem rechtwinkligen sphärischen Dreiecke seien gegeben die beiden Katheten; die übrigen Stücke durch Rechnung zu finden.**

Gegeben: $b = 85^0\ 24'\ 17'',2$ $\quad c = 77^0\ 13'\ 59'',4$

Auflösung. Es ist nach § 86 und § 87

1) $\cos a = \cos b\cdot\cos c,$

$$\begin{aligned}\log\cos b &= 8{,}9037182\\ \log\cos c &= 9{,}3443608\\ \hline \log\cos a &= 8{,}2480790\\ a &= 88^0\ 59'\ 8'',0\end{aligned}$$

2) $\operatorname{tg} B = \frac{\operatorname{tg} b}{\sin c},$

$$\begin{aligned}\log\operatorname{tg} b &= 1{,}0948836\\ -\log\sin c &= -9{,}9891282\\ \hline \log\operatorname{tg} B &= 1{,}1057554\\ B &= 85^0\ 31'\ 4'',5\end{aligned}$$

3) $\operatorname{tg} C = \frac{\operatorname{tg} c}{\sin b},$

$$\begin{aligned}\log\operatorname{tg} c &= 0{,}6447674\\ -\log\sin b &= -9{,}9986017\\ \hline \log\operatorname{tg} C &= 0{,}6461657\\ C &= 77^0\ 16'\ 22'',3\end{aligned}$$

4) Der sphärische Excess E, der aus den nunmehr berechneten Winkeln abgeleitet werden kann, wird unmittelbar aus den Katheten gefunden durch die Formel $\operatorname{tg} \frac{1}{2} E = \operatorname{tg} \frac{1}{2} b \cdot \operatorname{tg} \frac{1}{2} c$ (§ 109)

$$\tfrac{1}{2} b = 42^0\ 42'\ 8'',6 \quad \tfrac{1}{2} c = 38^0\ 36'\ 59'',7$$

$$\begin{aligned} \log \operatorname{tg} \tfrac{1}{2} b &= 9,9651314 \\ \log \operatorname{tg} \tfrac{1}{2} c &= 9,9024182 \\ \hline \log \operatorname{tg} \tfrac{1}{2} E &= 9,8675496 \\ \tfrac{1}{2} E &= 36^0\ 23'\ 43'',4 \\ E &= 72^0\ 47'\ 26'',8 \end{aligned}$$

5) Nach § 109, Formel 1) ist:

$$\operatorname{tg} r = \frac{\operatorname{tg} \frac{1}{2} b}{\cos (S - B)}; \text{ es ist } S - B = 40^0\ 52'\ 38'',9$$

$$\begin{aligned} \log \operatorname{tg} \tfrac{1}{2} b &= 9,9651314 \\ -\log \cos (S - B) &= -9,8785855 \\ \hline \log \operatorname{tg} r &= 0,0865459 \\ r &= 50^0\ 40'\ 17'',4 \end{aligned}$$

Setzt man aber in § 110, Formel 2) $\sphericalangle A = 90^0$, so ist $\cos (S - A) = \sin S$ und da $2S = 90^0 + B + C$, also $(S - B) + (S - C) = 90^0$, also $\cos (S - C) = \sin (S - B)$ ist, so geht die Formel über in die einfachere

$$\operatorname{tg} r = \sqrt{\frac{-2 \operatorname{cotg} S}{\sin 2\,(S - B)}}.$$

Nun ist $S = 126^0\ 23'\ 43'',4$; Supplement $= 53^0\ 36'\ 16'',6$

$$\begin{aligned} 2\,(S - B) &= 81^0\ 45'\ 17'',8 \\ \log 2 &= 0,3010300 \\ \log (-\operatorname{cotg} S) &= 9,8675496 \\ -\log \sin 2\,(S - B) &= -9,9954876 \\ \hline 2 \log \operatorname{tg} r &= 0,1730920 \\ \log \operatorname{tg} r &= 0,0865460 \\ r &= 50^0\ 40'\ 17'',4 \end{aligned}$$

6) Die Formel

$$\operatorname{tg} \varrho = \operatorname{tg} \tfrac{1}{2} A \cdot \sin (s - a) \quad (\S\ 111)$$

geht, wenn man $A = 90^0$ setzt und für $\sin (s - a)$ den eben dort gefundenen Ausdruck einsetzt, über in

$$\operatorname{tg} \varrho = \sin \tfrac{1}{2} B \cdot \sin \tfrac{1}{2} C \cdot \sin a \sqrt{2}$$

$$\tfrac{1}{2} B = 42^0\ 45'\ 32'',25, \quad \tfrac{1}{2} C = 38^0\ 38'\ 11'',15;$$

also ist:

$$\begin{aligned} \log \sqrt{2} &= 0{,}1505150 \\ \log \sin a &= 9{,}9999319 \\ \log \sin \tfrac{1}{2} B &= 9{,}8318157 \\ \log \sin \tfrac{1}{2} C &= 9{,}7954464 \\ \hline \log \operatorname{tg} \varrho &= 9{,}7777090 \\ \varrho &= 30^0\, 56'\, 16'',9 \end{aligned}$$

Die § 111 aufgestellte Formel 4) geht für $A = 90^0$ über in:

$$\operatorname{cotg} \varrho = \frac{2\sqrt{2} \cos \frac{1}{2} B \cdot \cos \frac{1}{2} C}{\sqrt{- \sin 2 S \cdot \sin 2 (S - B)}}$$

$2\,S = 252^0\, 47'\, 26'',8 \quad \sin 2\,S = -\sin 72^0\, 47'\, 26'',8$

$$\begin{aligned} \log 2 \sqrt{2} &= 0{,}4515450 \\ \log \cos \tfrac{1}{2} B &= 9{,}8658240 \\ \log \cos \tfrac{1}{2} C &= 9{,}8927198 \\ \hline & \ 0{,}2100888 \\ \log (- \sin 2\,S) &= 9{,}9801083 \\ \log \sin 2\,(S - B) &= 9{,}9954876 \\ \hline & \ 9{,}9755959 : 2 = 9{,}9877979 \\ & \ 0{,}2100888 \\ & \ -9{,}9877979 \\ \hline \log \operatorname{cotg} \varrho &= 0{,}2222909 \\ \varrho &= 30^0\, 56'\, 16'',9. \end{aligned}$$

§ 113. Von einem rechtwinkligen sphärischen Dreiecke seien gegeben die Hypotenuse und eine Kathete; die fehlenden Stücke durch Rechnung zu bestimmen.

Gegeben: die Hypotenuse $a = 122^0\, 31'\, 17'',4$
die Kathete $b = 47^0\, 0'\, 29'',2$

Auflösung. Nach § 86 und § 87 ist:

1) $\cos c = \dfrac{\cos a}{\cos b}$,

$$\begin{aligned} \log \cos a &= 9{,}7304722 \text{ (neg)} \\ -\log \cos b &= -9{,}8337174 \\ \hline \log \cos c &= 9{,}8967548 \text{ (neg)} \\ c &= 142^0\, 2'\, 15'',4 \end{aligned}$$

2) $\sin B = \frac{\sin b}{\sin a}$,

$$\begin{aligned} \log \sin b &= 9{,}8641848 \\ -\log \sin a &= -9{,}9259253 \\ \hline \log \sin B &= 9{,}9382595 \\ B &= 60^0\, 10'\, 1'',6 \end{aligned}$$

(Der stumpfe Winkel ist nicht zulässig.)

3) $\cos C = \frac{\operatorname{tg} b}{\operatorname{tg} a}$,

$$\begin{aligned} \log \operatorname{tg} b &= 0{,}0304674 \\ -\log \operatorname{tg} a &= -0{,}1954531 \text{ (neg)} \\ \hline \log \cos C &= 9{,}8350143 \text{ (neg)} \\ C &= 133^0\, 9'\, 6'',6 \end{aligned}$$

4) $\operatorname{tg} \frac{1}{2} E = \operatorname{tg} \frac{1}{2} b \cdot \operatorname{tg} \frac{1}{2} c$ (§ 109)

$\frac{1}{2} b = 23^0\, 30'\, 14'',6 \qquad \frac{1}{2} c = 71^0\, 1'\, 7'',7$

$$\begin{aligned} \log \operatorname{tg} \tfrac{1}{2} b &= 9{,}6383859 \\ \log \operatorname{tg} \tfrac{1}{2} c &= 0{,}4634914 \\ \hline \log \operatorname{tg} \tfrac{1}{2} E &= 0{,}1018773 \\ \tfrac{1}{2} E &= 51^0\, 39'\, 34'',0 \\ E &= 103^0\, 19'\, 8'',0 \end{aligned}$$

§ 114. **Von einem rechtwinkligen sphärischen Dreiecke seien gegeben die Hypotenuse und ein anliegender Winkel; die übrigen Stücke durch Rechnung zu bestimmen.**

Gegeben: $a = 74^0\, 13'\, 16'',9$, $\sphericalangle B = 65^0\, 52'\, 33'',7$

Auflösung. 1) $\sin b = \sin a \cdot \sin B$ (§ 86)

$$\begin{aligned} \log \sin a &= 9{,}9833193 \\ \log \sin B &= 9{,}9603106 \\ \hline \log \sin b &= 9{,}9436299 \\ b &= 61^0\, 26'\, 5'',3 \end{aligned}$$

(Der stumpfe Winkel ist nicht zulässig.)

2) $\operatorname{cotg} C = \frac{\cos a}{\operatorname{cotg} B}$ (§ 88)

$$\begin{aligned} \log \cos a &= 9{,}4344435 \\ -\log \operatorname{cotg} B &= -9{,}6511072 \\ \hline \log \operatorname{cotg} C &= 9{,}7833363 \\ C &= 58^0\, 44'\, 1'',0 \end{aligned}$$

3) $\operatorname{tg} c = \operatorname{tg} a \cdot \cos B$ (§ 86)

$$\begin{array}{r}
\log \operatorname{tg} a = 0{,}5488757 \\
\log \cos B = 9{,}6114178 \\
\hline
\log \operatorname{tg} c = 0{,}1602935 \\
c = 55^0\ 20'\ 29'',2
\end{array}$$

4) $\operatorname{tg} \frac{1}{2} E = \operatorname{tg} \frac{1}{2} b \cdot \operatorname{tg} \frac{1}{2} c$

$\frac{1}{2} b = 30^0\ 43'\ 2'',65$, $\frac{1}{2} c = 27^0\ 40'\ 14'',6$

$$\begin{array}{r}
\log \operatorname{tg} \frac{1}{2} b = 9{,}7739088 \\
\log \operatorname{tg} \frac{1}{2} c = 9{,}7196297 \\
\hline
\log \operatorname{tg} \frac{1}{2} E = 9{,}4935385 \\
\frac{1}{2} E = 17^0\ 18'\ 17'',4 \\
E = 34^0\ 36'\ 34'',8
\end{array}$$

§ 115. **Von einem rechtwinkligen sphärischen Dreiecke seien gegeben die beiden Winkel an der Hypotenuse; die übrigen Stücke durch Rechnung zu finden.**

Gegeben: $\sphericalangle B = 83^0\ 24'\ 39'',1$ $\sphericalangle C = 104^0\ 27'\ 19'',8$.

Auflösung. 1) $\cos a = \operatorname{cotg} B \cdot \operatorname{cotg} C$ (§ 88)

$$\begin{array}{r}
\log \operatorname{cotg} B = 9{,}0626265 \phantom{\text{ (neg)}} \\
\log \operatorname{cotg} C = 9{,}4112446 \text{ (neg)} \\
\hline
\log \cos a = 8{,}4738911 \text{ (neg)} \\
a = 91^0\ 42'\ 23'',0 \phantom{\text{ (neg)}}
\end{array}$$

2) $\cos b = \frac{\cos B}{\sin C}$, (§ 89),

$$\begin{array}{r}
\log \cos B = 9{,}0597483 \\
-\log \sin C = -9{,}9860287 \\
\hline
\log \cos b = 9{,}0737196 \\
b = 83^0\ 11'\ 40'',0
\end{array}$$

3) $\cos c = \frac{\cos C}{\sin B}$ (§ 89),

$$\begin{array}{r}
\log \cos C = 9{,}3972933 \text{ (neg)} \\
-\log \sin B = -9{,}9971207 \phantom{\text{ (neg)}} \\
\hline
\log \cos c = 9{,}4001726 \text{ (neg)} \\
c = 104^0\ 33'\ 13'',6 \phantom{\text{ (neg)}}
\end{array}$$

§ 116. **Von einem rechtwinkligen sphärischen Dreiecke seien gegeben eine Kathete und der anliegende Winkel; die übrigen Stücke zu berechnen.**

Gegeben: $b = 100^0\ 41'\ 49'',2$ $\sphericalangle\ C = 59^0\ 12'\ 51'',3$.

Auflösung. 1) $\operatorname{cotg} a = \operatorname{cotg} b \cdot \cos C$ (§ 86),

$$\begin{aligned} \log \operatorname{cotg} b &= 9{,}2762268 \text{ (neg)} \\ \log \cos C &= 9{,}7091251 \\ \hline \log \operatorname{cotg} a &= 8{,}9853519 \text{ (neg)} \\ a &= 95^0\ 31'\ 20'',7 \end{aligned}$$

2) $\operatorname{tg} c = \operatorname{tg} C \cdot \sin b$ (§ 86),

$$\begin{aligned} \log \sin b &= 9{,}9923867 \\ \log \operatorname{tg} C &= 0.2249122 \\ \hline \log \operatorname{tg} c &= 0{,}2172989 \\ c &= 58^0\ 46'\ 14'',8 \end{aligned}$$

3) $\cos B = \cos b \cdot \sin C$ (§ 89),

$$\begin{aligned} \log \cos b &= 9{,}2686135 \text{ (neg)} \\ \log \sin C &= 9{,}9340372 \\ \hline \log \cos B &= 9{,}2026507 \text{ (neg)} \\ B &= 99^0\ 10'\ 31'',9 \end{aligned}$$

§ 117. Von einem rechtwinkligen sphärischen Dreiecke seien gegeben eine Kathete und der gegenüberliegende Winkel; die übrigen Stücke zu berechnen.

Gegeben: $b = 23^0\ 0'\ 42'',3$ $\sphericalangle\ B = 77^0\ 11'\ 4'',5$.

Auflösung: 1) $\sin a = \frac{\sin b}{\sin B}$ (§ 86),

$$\begin{aligned} \log \sin b &= \quad 9{,}5920878 \\ -\log \sin B &= -\ 9{,}9890446 \\ \hline \log \sin a &= \quad 9{,}6030432 \\ a &= 23^0\ 38'\ 5'',5 \text{ oder} \\ &= 156^0\ 21'\ 54'',5 \end{aligned}$$

2) $\sin c = \operatorname{tg} b \cdot \operatorname{cotg} B$ (§ 86),

$$\begin{aligned} \log \operatorname{tg} b &= 9{,}6280995 \\ \log \operatorname{cotg} B &= 9{,}3569383 \\ \hline \log \sin c &= 8{,}9850378 \\ c &= 5^0\ 32'\ 39'',1 \text{ oder} \\ &= 174^0\ 27'\ 20'',9 \end{aligned}$$

3) $\sin C = \frac{\cos B}{\cos b}$ (§ 89),

$$\begin{array}{rl} \log\cos B = & 9{,}3459828 \\ -\log\cos b = & -9{,}9639883 \\ \hline \log\sin C = & 9{,}3819945 \\ C = & 13^0\,56'\,41'',4 \text{ oder} \\ = & 166^0\,3'\,18'',6. \end{array}$$

Die Lösung der Aufgabe ist nur möglich, wenn die gegebene Kathete und der gegenüberliegende Winkel entweder beide zugleich kleiner, oder gleich, oder grösser als 90^0 sind. Es muss nämlich, da $\sphericalangle\, C$ stets $< 180^0$ ist, $\sin C = \frac{\cos B}{\cos b}$ stets positiv sein; dies ist nur möglich, wenn $\cos B$ und $\cos b$ dasselbe Vorzeichen haben, wenn also $\sphericalangle\, B$ und Seite b der genannten Bedingung entsprechen. Da ferner die gesuchten Stücke durch die Funktionen des Sinus bestimmt sind, so erhält man 2 Auflösungen.

Fig. 39.

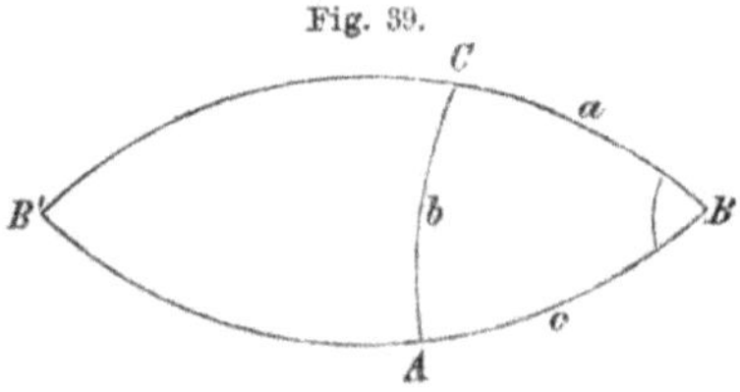

Die beiden möglichen Dreiecke, wie sie aus nebenstehender Figur 39 ersichtlich sind, fallen in eins zusammen, wenn

$b = \sphericalangle\, B$ ist.

§ 118. Die Aufgaben über rechtseitige sphärische Dreiecke bieten ebenfalls 6 verschiedene Hauptfälle. Ist die Seite $a = 90^0$, so kann gefordert werden

1) aus B und C, 2) A und B, 3) A und b, 4) C und b, 5) C und c, 6) b und c

die fehlenden Stücke zu berechnen. — Die Auflösungen, welche nach den § 91 aufgestellten Formeln geschehen, sind den Auflösungen des rechtwinkligen sphärischen Dreiecks so analog, dass wirkliche Berechnungen hier übergangen werden können.

§ 119. Von einem sphärischen Dreiecke seien gegeben die 3 Seiten; die übrigen Stücke durch Rechnung zu finden.

Gegeben: $a = 71^0\,23'\,11'',8$; $b = 112^0\,54'\,18'',5$; $c = 54^0\,12'\,9'',3$.

Auflösung. Die Winkel können, wie § 98 zeigt, nach 5 verschiedenen, für logarithmische Rechnung bequemen Formeln berechnet werden, von denen sich die Formel 3) besonders empfiehlt, wenn alle 3 Winkel bestimmt werden sollen. Stellt man sich die in den verschiedenen Formeln vorkommenden Grössen und ihre Logarithmen übersichtlich zusammen, so erhält man:

$\log \sin a = 9{,}9766681$ $\qquad$ $\log \cos a = 9{,}5040367$

$\log \sin b = 9{,}9643306$ $\qquad$ $\log \cos b = 9{,}5901801$ (neg)

$\log \sin c = 9{,}9090691$ $\qquad$ $\log \cos c = 9{,}7670972$

$2\,s = 238^0\ 29'\ 39'',6$

$s = 119^0\ 14'\ 49'',8$ $\qquad$ $\log \sin s = 9{,}9407754$

$s - a = 47^0\ 51'\ 38'',0$ $\qquad$ $\log \sin (s-a) = 9{,}8701194$

$s - b = 6^0\ 20'\ 31'',3$ $\qquad$ $\log \sin (s-b) = 9{,}0432183$

$s - c = 65^0\ 2'\ 40'',5$ $\qquad$ $\log \sin (s-c) = 9{,}9574331$

Nun ist 1) $\cos \frac{1}{2} A = \sqrt{\frac{\sin s \cdot \sin (s-a)}{\sin b \cdot \sin c}}$

$\log \sin s + \log \sin (s-a) = 9{,}8108948$

$-(\log \sin b + \log \sin c) = -9{,}8733997$

$2 \log \cos \frac{1}{2} A = 9{,}9374951$

$\log \cos \frac{1}{2} A = 9{,}9687475$

$\frac{1}{2} A = 21^0\ 28'\ 36'',0;\ A = 42^0\ 57'\ 12'',0.$

2) $\sin \frac{1}{2} A = \sqrt{\frac{\sin (s-b) \sin (s-c)}{\sin b \cdot \sin c}}$

$\log \sin (s-b) + \log \sin (s-c) = 9{,}0006514$

$-(\log \sin b + \log \sin c) = -9{,}8733997$

$2 \log \sin \frac{1}{2} A = 9{,}1272517$

$\log \sin \frac{1}{2} A = 9{,}5636258$

$\frac{1}{2} A = 21^0\ 28'\ 36'',0;\ A = 42^0\ 57'\ 12'',0.$

3) $\operatorname{tg} \frac{1}{2} A = \sqrt{\frac{\sin (s-b) \sin (s-c)}{\sin s \cdot \sin (s-a)}}$

$\log \sin (s-b) + \log \sin (s-c) = 9{,}0006514$

$-(\log \sin s + \log \sin (s-a)) = -9{,}8108948$

$2 \log \operatorname{tg} \frac{1}{2} A = 9{,}1897566$

$\log \operatorname{tg} \frac{1}{2} A = 9{,}5948783$

$\frac{1}{2} A = 21^0\ 28'\ 36'',0;\ A = 42^0\ 57'\ 12'',0.$

4) $\sin A = \frac{2\sqrt{\sin s \cdot \sin(s-a) \sin(s-b) \sin(s-c)}}{\sin b \cdot \sin c}$

$\log \sqrt{\sin s \cdot \sin(s-a) \sin(s-b) \sin(s-c)} = 8{,}8115462 : 2 =$
$9{,}4057731$
$\log 2 = 0{,}3010300$
$-(\log \sin b + \log \sin c) = -9{,}8733997$
$\log \sin A = 9{,}8334034$
$A = 42^0\ 57'\ 12'',0$

5) $\cos A = \frac{2 \sin \frac{1}{2}(\varphi + a) \sin \frac{1}{2}(\varphi - a)}{\sin b \cdot \sin c}$, worin

$\cos \varphi = \cos b \cdot \cos c$

$\log \cos \varphi = \log \cos b + \log \cos c = 9{,}3572773$ (neg)

also $\cos \varphi = 103^0\ 9'\ 32'',6$, $\frac{1}{2}(\varphi + a) = 87^0\ 16'\ 22'',2$
$\frac{1}{2}(\varphi - a) = 15^0\ 53'\ 10'',4$

$\log 2 = 0{,}3010300$
$\log \sin \frac{1}{2}(\varphi + a) = 9{,}9995078$
$\log \sin \frac{1}{2}(\varphi - a) = 9{,}4373192$
$-(\log \sin b + \log \sin c) = -9{,}8733997$
$\log \sin A = 9{,}8644573$
$A = 42^0\ 57'\ 12'',0$

Nach Formel 3) ist auch $\operatorname{tg} \frac{1}{2} B = \sqrt{\frac{\sin(s-a) \sin(s-c)}{\sin s \cdot \sin(s-b)}}$

und $\operatorname{tg} \frac{1}{2} C = \sqrt{\frac{\sin(s-b) \sin(s-a)}{\sin s \cdot \sin(s-c)}}$

$\log \sin(s-a) + \log \sin(s-c) = 9{,}8275525$
$-(\log \sin s + \log \sin(s-b)) = -8{,}9839937$
$2 \log \operatorname{tg} \frac{1}{2} B = 0{,}8435588$
$\log \operatorname{tg} \frac{1}{2} B = 0{,}4217794$
$\frac{1}{2} B = 69^0\ 15'\ 41'',7$, $B = 138^0\ 31'\ 23'',4$

$\log \sin(s-a) + \log \sin(s-b) = 8{,}9133377$
$-(\log \sin s + \log \sin(s-c)) = -9{,}8982085$
$2 \log \operatorname{tg} \frac{1}{2} C = 9{,}0151292$
$\log \operatorname{tg} \frac{1}{2} C = 9{,}5075646$
$\frac{1}{2} C = 17^0\ 50'\ 14'',5$, $C = 35^0\ 40'\ 29'',0$

Den sphärischen Excess bestimmt man unmittelbar aus den 3 Seiten nach der Formel von L'Huillier (§ 108):

$\operatorname{tg} \frac{1}{4} E = \sqrt{\operatorname{tg} \frac{1}{2} s \cdot \operatorname{tg} \frac{1}{2}(s-a) \operatorname{tg} \frac{1}{2}(s-b) \operatorname{tg} \frac{1}{2}(s-c)}$

$$\tfrac{1}{2}s = 59^0\,37'\,24'',9 \qquad \log\operatorname{tg}\tfrac{1}{2}s = 0,2319962$$
$$\tfrac{1}{2}(s-a) = 23^0\,55'\,49'',0 \qquad \log\operatorname{tg}\tfrac{1}{2}(s-a) = 9,6471082$$
$$\tfrac{1}{2}(s-b) = 3^0\,10'\,15'',65 \qquad \log\operatorname{tg}\tfrac{1}{2}(s-b) = 8,7435257$$
$$\tfrac{1}{2}(s-c) = 32^0\,31'\,20'',25 \qquad \log\operatorname{tg}\tfrac{1}{2}(s-c) = 9,8046066$$
$$2\log\operatorname{tg}\tfrac{1}{4}E = 8,4272367$$
$$\log\operatorname{tg}\tfrac{1}{4}E = 9,2136183$$
$$\tfrac{1}{4}E = 9^0\,17'\,16'',1;\; E = 37^0\,9'\,4'',4.$$

Der Radius des umschriebenen Kreises wird gefunden nach der Formel

$$\operatorname{tg} r = \frac{2\sin\tfrac{1}{2}a\cdot\sin\tfrac{1}{2}b\cdot\sin\tfrac{1}{2}c}{\sqrt{\sin s\cdot\sin(s-a)\sin(s-b)\sin(s-c)}} \quad (\S\ 110)$$

$$\tfrac{1}{2}a = 35^0\,41'\,35'',9 \qquad \log\sin\tfrac{1}{2}a = 9,7660009$$
$$\tfrac{1}{2}b = 56^0\,27'\,9'',25 \qquad \log\sin\tfrac{1}{2}b = 9,9208684$$
$$\tfrac{1}{2}c = 27^0\,6'\,4'',65 \qquad \log\sin\tfrac{1}{2}c = 9,6585503$$
$$\log 2 = 0,3010300$$
$$9,6464496$$
$$-\log\sqrt{\sin s\cdot\sin(s-a)\sin(s-b)\sin(s-c)} = -\,9,4057731$$
$$\log\operatorname{tg} r = 0,2406765$$
$$r = 60^0\,7'\,14'',6.$$

Um endlich ϱ zu finden, wendet man entweder Formel 2) oder 1) aus § 111 an. Nach ersterer erhält man:

$$\log\sqrt{\sin s\cdot\sin(s-a)\sin(s-b)\sin(s-c)} = 9,4057731$$
$$-\log\sin s = -\,9,9407754$$
$$\log\operatorname{tg}\varrho = 9,4649977$$
$$\varrho = 16^0\,15'\,50'',9.$$

§ 120. **Von einem sphärischen Dreiecke seien gegeben 2 Seiten und der von diesen eingeschlossene Winkel; die übrigen Stücke durch Rechnung zu finden.**

Gegeben: $a = 123^0\,39'\,41'',2$, $b = 77^0\,19'\,54'',4$, $C = 61^0\,27'\,38'',6$.

1. Auflösung. Man berechnet die dritte Seite nach der Cosinusformel $\cos c = \cos a\cdot\cos b + \sin a\cdot\sin b\cdot\cos C$, aus welcher man durch Umformung nach § 99 erhält:

$$\cos c = \frac{\cos a}{\cos\varphi}\cos(b-\varphi),\ \text{wenn}\ \operatorname{tg}\varphi = \operatorname{tg} a\cdot\cos C\ \text{ist.}$$

$$\log\operatorname{tg} a = 0,1765614\ (\text{neg})$$
$$\log\cos C = 9,6792108$$
$$\log\operatorname{tg}\varphi = 9,8557722\ (\text{neg})$$
$$\varphi = -\,35^0\,39'\,22'',8 \qquad b-\varphi = 112^0\,59'\,17'',2$$

$$\begin{array}{rl} \log\cos a = & 9{,}7437327 \text{ (neg)} \\ \log\cos(b-\varphi) = & 9{,}5916656 \text{ (neg)} \\ -\log\cos\varphi = & -9{,}9098384 \\ \hline \log\cos c = & 9{,}4255599 \\ c = & 74^0\ 32'\ 56'',1 \end{array}$$

Die beiden Winkel A und B kann man jetzt durch zweimalige Anwendung des Sinussatzes finden; unabhängig findet man dieselben nach den Formeln (§ 94):

$$\operatorname{tg} A = \frac{\operatorname{tg} a \cdot \sin C}{\sin b - \operatorname{tg} a \cdot \cos b \cdot \cos C}, \quad \operatorname{tg} B = \frac{\operatorname{tg} b \cdot \sin C}{\sin a - \operatorname{tg} b \cdot \cos a \cdot \cos C}.$$

Giebt man beiden Formeln nach der Anleitung in § 100 eine für logarithmische Rechnung bequeme Form, so erhält man:

$$\operatorname{tg} A = \frac{\operatorname{tg} a \cdot \sin C \cdot \cos\varphi}{\sin(b-\varphi)}, \text{ wenn } \operatorname{tg}\varphi = \operatorname{tg} a \cdot \cos C, \text{ und}$$

$$\operatorname{tg} B = \frac{\operatorname{tg} b \cdot \sin C \cdot \cos\psi}{\sin(a-\psi)}, \text{ wenn } \operatorname{tg}\psi = \operatorname{tg} b \cdot \cos C \text{ ist.}$$

$$\begin{array}{rl} \log\operatorname{tg} a = & 0{,}1765614 \text{ (neg)} \\ \log\cos C = & 9{,}6792108 \\ \hline \log\operatorname{tg}\varphi = & 9{,}8557722 \text{ (neg)} \\ \varphi = & -35^0\ 39'\ 22'',8 \\ b-\varphi = & 112^0\ 59'\ 17'',2 \end{array}$$

$$\begin{array}{rl} \log\operatorname{tg} a = & 0{,}1765614 \text{ (neg)} \\ \log\sin C = & 9{,}9437367 \\ \log\cos\varphi = & 9{,}9098384 \\ -\log\sin(b-\varphi) = & -9{,}9640643 \\ \hline \log\operatorname{tg} A = & 0{,}0660722 \text{ (neg)} \\ A = & 113^0\ 39'\ 30'',0 \end{array}$$

$$\begin{array}{rl} \log\operatorname{tg} b = & 0{,}6482480 \\ \log\cos C = & 9{,}6792108 \\ \hline \log\operatorname{tg}\psi = & 0{,}3274588 \\ \psi = & 64^0\ 48'\ 14'',2 \\ a-\psi = & 58^0\ 51'\ 27'',0 \end{array}$$

$$\begin{array}{rl} \log\operatorname{tg} b = & 0{,}6482480 \\ \log\sin C = & 9{,}9437367 \\ \log\cos\psi = & 9{,}6291210 \\ -\log\sin(a-\psi) = & -9{,}9324148 \\ \hline \log\operatorname{tg} B = & 0{,}2886909 \\ B = & 62^0\ 46'\ 41'',8 \end{array}$$

2. Auflösung. Man bestimmt nach den Neper'schen Analogieen zuerst die Winkel A und B, dann entweder nach dem Sinussatze, oder eleganter nach einer Gauss'schen Gleichung die dritte Seite.

Nach § 104 ist:

$$\operatorname{tg} \tfrac{1}{2}(A+B) = \frac{\cos \frac{1}{2}(a-b)}{\cos \frac{1}{2}(a+b)} \operatorname{cotg} \tfrac{1}{2} C,$$

$$\operatorname{tg} \tfrac{1}{2}(A-B) = \frac{\sin \frac{1}{2}(a-b)}{\sin \frac{1}{2}(a+b)} \operatorname{cotg} \tfrac{1}{2} C$$

$$\tfrac{1}{2}(a+b) = 100^0\, 29'\, 47'',8, \quad \tfrac{1}{2}(a-b) = 23^0\, 9'\, 53'',4$$

$$\tfrac{1}{2} C = 30^0\, 43'\, 49'',3$$

$$\begin{aligned} \log \cos \tfrac{1}{2}(a-b) &= 9{,}9634936 \\ \log \operatorname{cotg} \tfrac{1}{2} C &= 0{,}2258676 \\ -\log \cos \tfrac{1}{2}(a+b) &= -9{,}2604944 \text{ (neg)} \\ \hline \log \operatorname{tg} \tfrac{1}{2}(A+B) &= 0{,}9288668 \text{ (neg)} \\ \tfrac{1}{2}(A+B) &= 96^0\, 43'\, 5'',9 \end{aligned}$$

$$\begin{aligned} \log \sin \tfrac{1}{2}(a-b) &= 9{,}5948097 \\ \log \operatorname{cotg} \tfrac{1}{2} C &= 0{,}2258676 \\ -\log \sin \tfrac{1}{2}(a+b) &= -9{,}9926709 \\ \hline \log \operatorname{tg} \tfrac{1}{2}(A-B) &= 9{,}8280064 \\ \tfrac{1}{2}(A-B) &= 33^0\, 56'\, 24'',1 \end{aligned}$$

$$A = 130^0\, 39'\, 30'',0 \quad B = 62^0\, 46'\, 41'',8.$$

Nach § 103 ist:

$$\cos \tfrac{1}{2} c = \frac{\cos \frac{1}{2}(a-b) \cos \frac{1}{2} C}{\sin \frac{1}{2}(A+B)}$$

$$\begin{aligned} \log \cos \tfrac{1}{2}(a-b) &= 9{,}9634936 \\ \log \cos \tfrac{1}{2} C &= 9{,}9342871 \\ -\log \sin \tfrac{1}{2}(A+B) &= -9{,}9970075 \\ \hline \log \cos \tfrac{1}{2} c &= 9{,}9007732 \end{aligned}$$

$$\tfrac{1}{2} c = 37^0\, 16'\, 28'',0, \text{ also } c = 74^0\, 32'\, 56'',0.$$

Den sphärischen Excess findet man unmittelbar aus den gegebenen Stücken nach der Formel (§ 107):

$$\operatorname{tg} \tfrac{1}{2} E = \frac{\operatorname{tg} \frac{1}{2} a \cdot \sin \frac{1}{2} b \cdot \sin C \cdot \cos \varphi}{\cos(\varphi - \frac{1}{2} b)}, \text{ wenn } \operatorname{tg} \tfrac{1}{2} a \cdot \cos C = \operatorname{tg} \varphi \text{ ist.}$$

$\frac{1}{2}a = 61^0\,49'\,50'',6 \quad \frac{1}{2}b = 38^0\,39'\,57'',2$

$$\begin{aligned}
\log \operatorname{tg} \tfrac{1}{2} a &= 0{,}2712363 \\
\log \cos C &= 9{,}6792108 \\
\hline
\log \operatorname{tg} \varphi &= 9{,}9504471 \\
\varphi &= 41^0\,44'\,18'',1 \\
\varphi - \tfrac{1}{2} b &= 3^0\,4'\,20'',9
\end{aligned}$$

$$\begin{aligned}
\log \operatorname{tg} \tfrac{1}{2} a &= 0{,}2712363 \\
\log \sin \tfrac{1}{2} b &= 9{,}7957067 \\
\log \sin C &= 9{,}9437556 \\
\log \cos \varphi &= 9{,}8728510 \\
-\log \cos (\varphi - \tfrac{1}{2} b) &= -9{,}9993753 \\
\hline
\log \operatorname{tg} \tfrac{1}{2} E &= 9{,}8841743
\end{aligned}$$

$\frac{1}{2} E = 37^0\,26'\,55'',3$, also $E = 74^0\,53'\,50'',6$.

§ 121. **Von einem sphärischen Dreiecke seien gegeben 2 Seiten und ein gegenüberliegender Winkel; die übrigen Stücke durch Rechnung zu finden.**

Gegeben: $a = 57^0\,12'\,43'',9 \quad b = 103^0\,51'\,24'',6$, $\sphericalangle A = 33^0\,43'\,53'',3$.

Auflösung. Nach dem Sinussatze ist $\sin B = \frac{\sin b \cdot \sin A}{\sin a}$. Damit ein Dreieck mit den gegebenen Stücken möglich sei, muss $\sin b \cdot \sin A \leqq \sin a$ sein. Ist diese Bedingung erfüllt, so lässt der Winkel B nach dieser Formel im Allgemeinen zwei Werthe zu. Ob in einem speciellen Falle wirklich zwei Werthe zulässig sind, oder nur einer, muss aus dem Verhältniss der gegebenen Stücke mit Rücksicht auf die geometrischen Eigenschaften des sphärischen Dreiecks entschieden werden.

Für den gegebenen Fall ist nun:

$$\begin{aligned}
\log \sin b &= 9{,}9871732 \\
\log \sin A &= 9{,}7445287 \\
-\log \sin a &= -9{,}9246317 \\
\hline
\log \sin B &= 9{,}8070702
\end{aligned}$$

$B = 39^0\,53'\,23'',3$ oder $B = 140^0\,6'\,36'',7$.

Der zweite Werth für B ist hier zulässig, da aus den gegebenen Stücken und ihrem Verhältniss zu B kein Widerspruch abgeleitet werden kann.

Die dritte Seite und den dritten Winkel erhält man nunmehr vermittelst der Neper'schen Analogieen. Es ist:

$$\operatorname{tg} \tfrac{1}{2} c = \frac{\sin \frac{1}{2}(A + B)}{\sin \frac{1}{2}(A - B)} \cdot \operatorname{tg} \tfrac{1}{2}(a - b) \text{ und}$$

$$\operatorname{cotg} \tfrac{1}{2} C = \frac{\sin \frac{1}{2}(a + b)}{\sin \frac{1}{2}(a - b)} \operatorname{tg} \tfrac{1}{2}(A - B)$$

$$A + B = \begin{cases} 73^0\ 37'\ 16'',6 \\ 173^0\ 50'\ 30'',0 \end{cases} \quad \tfrac{1}{2}(A + B) = \begin{cases} 36^0\ 48'\ 38'',3 \\ 86^0\ 55'\ 15'',0 \end{cases}$$

$$A - B = \begin{cases} -\ 6^0\ 9'\ 30'',0 \\ -\ 106^0 22' 43'',4 \end{cases} \quad \tfrac{1}{2}(A - B) = \begin{cases} -\ 3^0\ 4'\ 45'',0 \\ -\ 53^0\ 11' 21'',7 \end{cases}$$

$$a + b = 161^0\ 4'\ 8'',5, \quad \tfrac{1}{2}(a + b) = 80^0\ 32'\ 4'',25$$

$$a - b = -\ 46^0\ 38'\ 40'',7, \quad \tfrac{1}{2}(a - b) = -\ 23^0\ 19'\ 20'',35$$

$\log \sin \frac{1}{2}(A + B) =$	9,7775517	9,9993726
$\log \operatorname{tg} \frac{1}{2}(a - b) =$	9,6346081 (neg)	9,6346081 (neg)
$- \log \sin \frac{1}{2}(A - B) =$	— 8,7301015 (neg)	— 9,9034265 (neg)
$\log \operatorname{tg} \frac{1}{2} c =$	0,6820583 oder	= 9,7305542
$\frac{1}{2} c =$	78⁰ 15′ 11″,6 oder	= 28⁰ 16′ 5″,6
$c =$	156⁰ 30′ 23″,2 oder	= 56⁰ 32′ 11″,2

$\log \sin \frac{1}{2}(a + b) =$	9,9940464	9,9940464
$\log \operatorname{tg} \frac{1}{2}(A - B) =$	8,7307290 (neg)	0,1258748 (neg)
$- \log \sin \frac{1}{2}(a - b) =$	— 9,5975891 (neg)	— 0,5975891 (neg)
$\log \operatorname{cotg} \frac{1}{2} C =$	9,1271863 oder	= 0,5223321

$$\tfrac{1}{2} C = 82^0\ 21'\ 59'',1 \text{ oder } = 16^0\ 43'\ 8'',8$$

$$C = 164^0\ 43'\ 58'',2 \text{ oder } = 33^0\ 26'\ 17'',6.$$

§ 122. **Von einem sphärischen Dreiecke seien gegeben 1 Seite und die beiden anliegenden Winkel; die übrigen Stücke durch Rechnung zu finden.**

Gegeben: $c = 52^0\ 29'\ 31'',8 \quad \sphericalangle A = 117^0\ 23'\ 52'',6$ $\sphericalangle B = 77^0\ 3'\ 0'',2$.

1. Auflösung. Dieselbe ist der ersten Auflösung in § 120 ganz analog. Man kann nämlich in ähnlicher Weise zuerst den dritten Winkel C mit Hülfe der Formel

$$\cos C = \sin A \cdot \sin B \cdot \cos c - \cos A \cdot \cos B \ (\S\ 95)$$

bestimmen, nachdem man dieselbe nach Analogie der in § 99 angegebenen Umformung durch Einführung eines Hülfswinkels zur logarithmischen Rechnung eingerichtet hat, und kann dann die Seiten entweder nach dem Sinussatze oder nach den Formeln in § 97 berechnen.

2. Auflösung. Entsprechend der 2. Auflösung in § 120 wendet man die Neper'schen Analogieen an. Es ist

$$\operatorname{tg} \tfrac{1}{2}(a+b) = \frac{\cos\frac{1}{2}(A-B)}{\cos\frac{1}{2}(A+B)} \cdot \operatorname{tg}\tfrac{1}{2}c,$$

$$\operatorname{tg} \tfrac{1}{2}(a-b) = \frac{\sin\frac{1}{2}(A-B)}{\sin\frac{1}{2}(A+B)} \cdot \operatorname{tg}\tfrac{1}{2}c,$$

$$\tfrac{1}{2}(A+B) = 97^0\,13'\,26'',4 \quad \tfrac{1}{2}(A-B) = 20^0\,10'\,26'',2,$$

$$\tfrac{1}{2}c = 26^0\,14'\,45'',9$$

$\log\cos\frac{1}{2}(A-B) =$	9,9725037
$\log\operatorname{tg}\frac{1}{2}c =$	9,6929001
$-\log\cos\frac{1}{2}(A+B) =$	$-$ 9,0995038 (neg)
$\log\operatorname{tg}\frac{1}{2}(a+b) =$	0,5659000 (neg)
$\frac{1}{2}(a+b) =$	$105^0\,12'\,2'',4$

$\log\sin\frac{1}{2}(A-B) =$	9,5376571
$\log\operatorname{tg}\frac{1}{2}c =$	9,6929001
$-\log\sin\frac{1}{2}(A+B) =$	$-$ 9,9965389
$\log\operatorname{tg}\frac{1}{2}(a-b) =$	9,2340183
$\frac{1}{2}(a-b) =$	$9^0\,43'\,34'',2$

$$a = 114^0\,55'\,36'',6, \quad b = 95^0\,28'\,28'',2.$$

Den dritten Winkel findet man nach der Gauss'schen Gleichung $\cos\frac{1}{2}C = \frac{\sin\frac{1}{2}(A+B)\cdot\cos\frac{1}{2}c}{\cos\frac{1}{2}(a-b)}$

$\log\sin\frac{1}{2}(A+B) =$	9,9965389
$\log\cos\frac{1}{2}c =$	9,9527455
$-\log\cos\frac{1}{2}(a-b) =$	$-$ 9,9937123
$\log\cos\frac{1}{2}C =$	9,9555721
$\frac{1}{2}C =$	$25^0\,28'\,36'',5$
$C =$	$50^0\,57'\,13'',0$

Den sphärischen Excess hat man nach der Berechnung des dritten Winkels unmittelbar. Berechnet man denselben aus den durch die Rechnung gefundenen Seiten und der gegebenen nach der Formel von L'Huillier (§ 108), so erhält man $E = 65^0\,24'\,6'',0$; (die Summation der Winkel ergiebt $E = 65^0\,24'\,5'',8$).

§ 123. Von einem sphärischen Dreiecke seien gegeben die drei Winkel; die übrigen Stücke durch Rechnung zu bestimmen.

Gegeben: $A = 127^0\ 31'\ 2'',4$; $B = 81^0\ 7'\ 13'',2$; $C = 76^0\ 29'\ 11'',8$.

Auflösung. Mit Anwendung der in § 100 gegebenen Formeln lässt sich die Aufgabe in 5 verschiedenen Weisen lösen, entsprechend den 5 in § 119 gemachten Lösungen. Am zweckmässigsten rechnet man nach Formel 3) aus § 100.

$$\operatorname{tg}\tfrac{1}{2}a = \sqrt{\frac{-\cos S\cdot\cos(S-A)}{\cos(S-B)\cos(S-C)}},\quad \operatorname{tg}\tfrac{1}{2}b = \sqrt{\frac{-\cos S\cdot\cos(S-B)}{\cos(S-A)\cos(S-C)}}$$

$$\operatorname{tg}\tfrac{1}{2}c = \sqrt{\frac{-\cos S\cdot\cos(S-C)}{\cos(S-A)\cos(S-B)}}$$

$$\begin{array}{rlrl} S = & 142^0\ 33'\ 43'',7 & \log\cos S = & 9,8998277\ (\text{neg}) \\ S-A = & 15^0\ 2'\ 41'',3 & \log\cos(S-A) = & 9,9848527 \\ S-B = & 61^0\ 26'\ 30'',5 & \log\cos(S-B) = & 9,6794744 \\ S-C = & 66^0\ 4'\ 31'',9 & \log\cos(S-C) = & 9,6080252 \end{array}$$

$$\begin{array}{rr} \log(-\cos S) + \log\cos(S-A) = & 9,8846804 \\ -(\log\cos(S-B) + \log\cos(S-C)) = & -\ 9,2874996 \\ \hline 2\log\operatorname{tg}\tfrac{1}{2}a = & 0,5971808 \\ \log\operatorname{tg}\tfrac{1}{2}a = & 0,2985904 \end{array}$$

$$\tfrac{1}{2}a = 63^0\ 18'\ 21'',6,\quad a = 126^0\ 36'\ 43'',2$$

$$\begin{array}{rr} \log(-\cos S) + \log\cos(S-B) = & 9,5793021 \\ -(\log\cos(S-A) + \log\cos(S-C)) = & -\ 9,5928779 \\ \hline 2\log\operatorname{tg}\tfrac{1}{2}b = & 9,9864242 \\ \log\operatorname{tg}\tfrac{1}{2}b = & 9,9932121 \end{array}$$

$$\tfrac{1}{2}b = 44^0\ 33'\ 8'',1,\quad b = 89^0\ 6'\ 16'',2$$

$$\begin{array}{rr} \log(-\cos S) + \log\cos(S-C) = & 9,5078529 \\ -(\log\cos(S-A) + \log\cos(S-B)) = & -\ 9,6643271 \\ \hline 2\log\operatorname{tg}\tfrac{1}{2}c = & 9,8435258 \\ \log\operatorname{tg}\tfrac{1}{2}c = & 9,9217629 \end{array}$$

$$\tfrac{1}{2}c = 39^0\ 52'\ 0'',6\quad c = 79^0\ 44'\ 1'',2.$$

Die zugehörigen Radien finden sich leicht nach den Formeln 2) und 4) aus den §§ 110 und 111.

§ 124. Von einem sphärischen Dreiecke seien gegeben 2 Winkel und eine gegenüberliegende Seite; die übrigen Stücke durch Rechnung zu finden.

Gegeben: $A = 122^0\ 13'\ 24'',6$, $B = 25^0\ 37'\ 38'',6$; $a = 143^0\ 19'\ 29'',8$.

Auflösung. Es ist zunächst nach dem Sinussatze

$$\sin b = \frac{\sin B \cdot \sin a}{\sin A}.$$

Damit ein Dreieck mit den gegebenen Stücken möglich sei, muss $\sin B \cdot \sin a \leqq \sin A$ sein. Ist diese Bedingung erfüllt, so lässt die Formel im Allgemeinen zwei Werthe für die Seite b zu; ob diese in einem speciellen Falle zulässig sind oder ob nur einer genommen werden darf, muss aus dem Verhältniss der gegebenen Stücke mit Rücksicht auf die geometrischen Eigenschaften des sphärischen Dreiecks entschieden werden.

Für den gegebenen Fall ist nun:

$$\begin{array}{rl} \log \sin B = & 9,6360030 \\ \log \sin a = & 9,7761751 \\ -\log \sin A = & -9,9273573 \\ \hline \log \sin b = & 9,4848208 \\ b = & 17^0\ 46'\ 48'',7. \end{array}$$

Der zweite Werth $162^0\ 13'\ 11'',3$ ist nicht zulässig; denn da $\sphericalangle B < A$ ist, so kann b nicht $> a$ sein. Auch würden die Neper'schen Analogieen, wonach die dritte Seite und der dritte Winkel bestimmt werden, nämlich

$$\operatorname{tg} \tfrac{1}{2} c = \frac{\sin \frac{1}{2}(A + B)}{\sin \frac{1}{2}(A - B)} \cdot \operatorname{tg} \tfrac{1}{2}(a - b),$$

$$\text{und } \operatorname{cotg} \tfrac{1}{2} C = \frac{\sin \frac{1}{2}(a + b)}{\sin \frac{1}{2}(a - b)} \operatorname{tg} \tfrac{1}{2}(A - B),$$

da $b > a$ wäre, für $\operatorname{tg} \frac{1}{2} c$ und $\operatorname{cotg} \frac{1}{2} C$ negative Werthe ergeben; es würde also sowohl die Seite c als auch der Winkel C grösser als 180^0, was nicht möglich ist.

Nach den angegebenen Formeln ist nun weiter:

$$\begin{array}{rl} \log \sin \frac{1}{2}(A + B) = & 9,9826792 \\ \log \operatorname{tg} \frac{1}{2}(a - b) = & 0,2885809 \\ -\log \sin \frac{1}{2}(A - B) = & -9,8730970 \\ \hline \log \operatorname{tg} \frac{1}{2} c = & 0,3981631 \\ \frac{1}{2} c = & 68^0\ 12'\ 31'',5 \\ c = & 136^0\ 25'\ 3'',0 \end{array}$$

$$\log \sin \tfrac{1}{2}(a+b) = 9{,}9940691$$
$$\log \operatorname{tg} \tfrac{1}{2}(A-B) = 0{,}0501084$$
$$-\log \sin \tfrac{1}{2}(a-b) = -9{,}9489974$$
$$\log \operatorname{cotg} \tfrac{1}{2} C = 0{,}0951801$$
$$\tfrac{1}{2} C = 38^0\ 46'\ 16'',3$$
$$C = 77^0\ 32'\ 32'',6$$

§ 125. **Die Projection eines gegen die Horizontalebene geneigten Winkels zu berechnen, wenn seine Grösse und die Neigungen seiner Schenkel gegen die Horizontalebene gegeben sind.**[1])

Auflösung. Es sei (Fig. 40) ROS die Horizontalebene, ∢ MON ein gegen dieselbe geneigter Winkel $= \alpha$. Fällt man von den Endpunkten der gleichen Schenkel OA und OB die Lothe AA' und BB' auf die Horizontalebene, so ist ∢ $A'OB'$ die Projection und die Winkel AOA' und BOB' sind die bekannten Neigungen der Schenkel; und es sei ∢ $AOA' = \mu$, $BOB' = \nu$. Errichtet man nun in O zur Ebene ROS das Loth $OC = OB = OA$, so erhält man, wenn man in den Ebenen COS und COR die Bögen CBD und CAE beschreibt und ebenso in den Ebenen ROS und MON die Bögen ED und AB, ein sphärisches Dreieck CBA, in welchem die drei Seiten bekannt sind. Es ist nämlich $CB = CD - BD = 90^0 - \nu$, $CA = 90^0 - \mu$, und $AB = \alpha$; es ist aber ferner, da CD und CE Quadranten sind, ∢ $C = ED =$ ∢ EOD, welches die Projection von ∢ MON ist. Es ist nun $\cos AB = \cos BC \cdot \cos AC + \sin BC \cdot \sin AC \cdot \cos C$ (§ 93) oder $\cos \alpha = \sin \nu \cdot \sin \mu + \cos \nu \cdot \cos \mu \cdot \cos C$, woraus

Fig. 40.

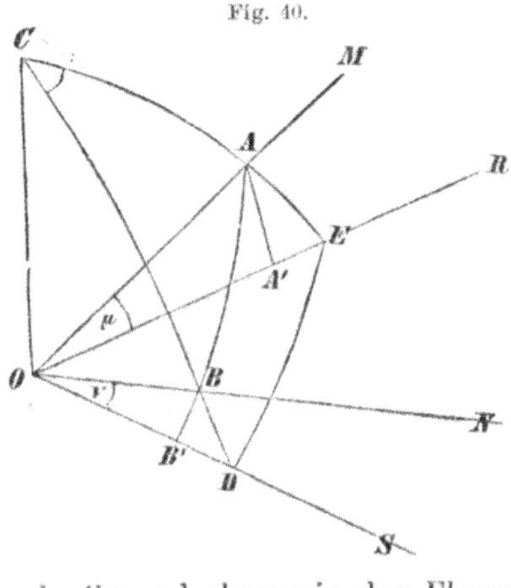

$$\cos C = \frac{\cos \alpha - \sin \mu \cdot \sin \nu}{\cos \mu \cdot \cos \nu} \text{ folgt.}$$

[1]) In der praktischen Feldmesskunst ist die Aufgabe unter dem Namen: „Reduction eines gegen den Horizont geneigten Winkels auf diesen“ bekannt.

Setzt man $\sin\mu \cdot \sin\nu = \cos\psi$, so wird zur bequemeren Berechnung

$$\cos C = \frac{2 \sin\frac{1}{2}(\psi + \alpha) \sin\frac{1}{2}(\psi - \alpha)}{\cos\mu \cdot \cos\nu}.$$

Nach § 98 erhält man:

$$\operatorname{tg}\frac{1}{2} C = \sqrt{\frac{\sin\frac{1}{2}(\alpha - \mu + \nu) \cdot \sin\frac{1}{2}(\alpha + \mu - \nu)}{\cos\frac{1}{2}(\mu + \nu + \alpha) \cdot \cos\frac{1}{2}(\mu + \nu - \alpha)}}.$$

Für $\alpha = 52^0\, 31'\, 30''$, $\mu = 40^0\, 12'\, 10''$, $\nu = 31^0\, 27'\, 20''$ erhält man die Projection $C = 65^0\, 21'\, 26'',5$.

§ 126. **Aus der geographischen Breite und Länge zweier Orte auf der Erde ihre Entfernung zu berechnen.**

Auflösung. Denkt man sich die Meridiane der Orte A und B, den Aequator und einen grössten Kugelkreis durch A und B gezogen, so ist in dem sphärischen Dreiecke ABN, worin N den Nordpol bezeichnet, die Seite AB die gesuchte Entfernung. Die Seiten NA und NB sind als Complemente der gegebenen Breiten φ und φ', der Winkel ANB als der Unterschied der gegebenen Längen $\lambda' - \lambda$ bekannt. Die Aufgabe ist also auf § 120 zurückgeführt.

Für Hamburg und Königsberg ist

$\varphi = 53^0\, 33'\, 7'',0$, $\varphi' = 54^0\, 42'\, 50'',0$, $\lambda = 27^0\, 38'\, 11'',7$ und $\lambda' = 38^0\, 9'\, 30'',0$; die Entfernung $AB = 6^0\, 16'\, 0''$.

§ 127. **Aus dem Azimut A und der Höhe h eines Sternes die Declination δ und den Stundenwinkel t desselben zu finden, und umgekehrt, wenn die Polhöhe φ des Beobachtungsortes gegeben ist.**

Auflösung. Es sei (Fig. 41) C der Beobachtungsort, $NWSO$ dessen Horizont, Z das Zenith, AQ der Aequator des Himmels, P sein Pol und E ein Stern. Ein durch Z und P gelegter grösster Kugelkreis ist der Meridian des Ortes C ($PZSA$); der durch Z und E gehende grösste Kugelkreis, der auf dem Horizonte senkrecht steht, heisst Vertikalkreis, und der durch P und E gelegte grösste Kugelkreis, welcher

Fig. 41.

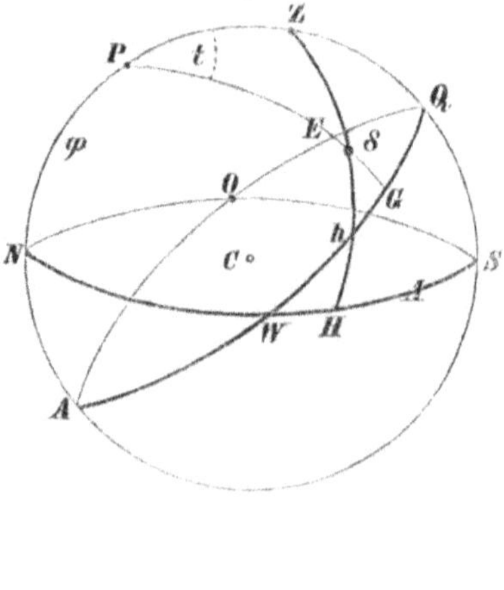

senkrecht auf dem Aequator steht, ist der Declinationskreis des Sternes E. (ZH und PG sind Quadranten des Vertikal- und Declinationskreises.) Die Durchschnitte des Meridians und des Horizontes N und S heissen der Nord- und Südpunkt des Horizontes. Der Bogen PN ist die Polhöhe φ des Beobachtungsortes C, daher $PZ = 90^0 - \varphi$; EH ist die Höhe h des Sternes, daher $ZE = 90^0 - h$; EG ist die Declination δ, also $PE = 90^0 - \delta$.[1] Ferner ist der Winkel zwischen dem Meridiane und dem Vertikalkreise, gerechnet im Sinne der scheinbaren Bewegung des Himmelsgewölbes, also $\sphericalangle SZH$ oder Bogen HS das Azimut von E, (man pflegt dasselbe von 0^0 bis 360^0 zu zählen); demnach ist $\sphericalangle PZE = 180^0 - A$. Der Winkel zwischen Meridian und Declinationskreis heisst Stundenwinkel und wird ebenfalls im Sinne der scheinbaren Bewegung von 0^0 bis 360^0 gezählt; also $\sphericalangle EPZ = t$.

Sollen nun aus A und h eines Sternes E, δ und t desselben gefunden werden, so kennt man von dem sphärischen Dreiecke PEZ zwei Seiten und den von diesen eingeschlossenen Winkel, nämlich $EZ = 90^0 - h$, $PZ = 90^0 - \varphi$ und $\sphericalangle EZP = 180^0 - A$; man hat daher nach dem Cosinussatze

$$1)\ \sin\delta = \sin\varphi \cdot \sin h - \cos\varphi \cdot \cos h \cdot \cos A$$

und nach dem Sinussatze

$$2)\ \sin t = \frac{\sin A \cdot \cos h}{\cos\delta}.$$

Um erstere Formel logarithmisch zu machen, setze man $\sin h = m \cdot \cos\varkappa$, $\cos h \cdot \cos A = m \cdot \sin\varkappa$, und man erhält

$$3)\ \sin\delta = \frac{\sin h}{\cos\varkappa}\sin(\varphi - \varkappa), \text{ wenn } \operatorname{tg}\varkappa = \operatorname{cotg} h \cdot \cos A \text{ ist.}$$

Sind dagegen δ und t bekannt, und es sollen h und A gefunden werden, so kennt man von dem Dreiecke ZEP ein anderes Paar Seiten und den eingeschlossenen Winkel, nämlich: $PZ = 90^0 - \varphi$, $PE = 90^0 - \delta$, und $\sphericalangle EPZ = t$; es ist daher wiederum nach dem Cosinussatze:

$$4)\ \sin h = \sin\varphi \cdot \sin\delta + \cos\varphi \cdot \cos\delta \cdot \cos t$$

und nach dem Sinussatze

[1]) Die Complemente der Höhe und der Declination eines Sternes, wie hier die Bögen ZE und PE, heissen auch die Zenith- und Polardistanz des Sternes.

5) $\sin A = \frac{\cos\delta \cdot \sin t}{\cos h}$, was mit Formel 2) identisch ist.

Aus Formel 4) erhält man die logarithmische Formel

6) $\sin h = \frac{\sin\delta}{\cos\varkappa}\sin(\varphi + \varkappa)$, wenn $\operatorname{tg}\varkappa = \operatorname{cotg}\delta \cdot \cos t$ ist.

Zusatz. Setzt man in Formel 1) $h = 0$, so giebt die resultirende Formel

7) $\cos A = -\frac{\sin\delta}{\cos\varphi}$ das Azimut eines Sternes bei seinem Auf- und Untergange.

Setzt man ferner in Formel 4) $h = 0$, so giebt die daraus folgende Formel

8) $\cos t = -\operatorname{tg}\varphi \cdot \operatorname{tg}\delta$, den halben Tagebogen, und wenn man die Zeit der Culmination kennt, auch die Zeit des Auf- und Unterganges eines Gestirnes an.

Beispiele.[1])

1) $A = 321^0\ 17'\ 30''$, $h = 42^0\ 11'\ 20''$, $\varphi = 51^0\ 44'$; $\delta = 9^0\ 44'\ 30''$, $t = 331^0\ 57'\ 30''$.

2) $\delta = -37^0\ 33'\ 20''$, $t = 217^0\ 15'\ 10''$, $\varphi = 51^0\ 44'$; $h = -60^0\ 23'\ 0''$, $A = 256^0\ 10'\ 40''$.

3) Wieviel Uhr ist es zu Cleve ($\varphi = 51^0\ 44'$) am 6. August, wenn die Sonne die Höhe $h = 40^0\ 31'\ 10''$ hat? (Die Declination der Sonne ist an diesem Tage $\delta = 15^0\ 56'\ 40''$.)

Auflösung. Nach Formel 4) ist

$$\cos t = \frac{\sin h - \sin\varphi \cdot \sin\delta}{\cos\varphi \cdot \cos\delta}.$$

Setzt man $\sin\varphi \cdot \sin\delta = \sin\mu$, so erhält man

$$\cos t = \frac{2\cos\frac{1}{2}(h + \mu)\sin\frac{1}{2}(h - \mu)}{\cos\varphi \cdot \cos\delta}.$$

Hiernach findet man aus den gegebenen Grössen $t = 23^0 25' 40''$ und $t = 336^0\ 34'\ 20''$, wovon das erste t für den Nachmittag, das andere für den Vormittag gilt. In Zeit verwandelt giebt das erste t die wahre Zeit $1^h\ 34^m$ Nachmittag, das andere die wahre Zeit $10^h\ 26^m$ Vormittag.

---

[1]) Hierbei sind die sechsstelligen Tabellen von Bremiker (Nicolaische Verlagsbuchhandlung 1869) benutzt; die Rechnung ist nur bis auf 10 Sekunden genau.

4) An welchen Punkten des Horizontes geht zu Cleve die Sonne am 6. August auf und unter?

(Die Data siehe in der vorigen Aufgabe.)

Auflösung. Nach Formel 7) findet man

$A = 116^0\ 19'\ 50''$ für die untergehende, und

$A = 243^0\ 40'\ 10''$ für die aufgehende Sonne.

Die Sonne geht also auf an einem Punkte des Horizontes der $26^0\ 19'\ 50''$ über den Ostpunkt hinaus nach Norden hin liegt, und unter an einem Punkte, der eben soviel über den Westpunkt hinaus nach Norden hin liegt.[1])

5) Um wieviel Uhr geht zu Cleve die Sonne am 6. August auf und unter? (Die Data, wie in der vorigen Aufgabe.)

Auflösung. Nach Formel 8) findet man den Stundenwinkel bei Auf- und Untergang; und da die Sonne 12^h wahrer Zeit den Meridian passirt, so erhält man durch Verwandlung des Stundenwinkels in Zeit die Zeit des Auf- und Unterganges selbst. Man erhält im vorliegenden Falle

$t = 111^0\ 14'$ für die untergehende, und

$t = 248^0\ 46'$ für die aufgehende Sonne.

Hiernach geht die Sonne um $7^h\ 25^m$ wahrer Zeit unter, und $4^h\ 35^m$ auf.

§ 128. Aus der Rectascension α und Declination δ eines Gestirnes die Länge λ und Breite β desselben zu finden, und umgekehrt, wenn die Schiefe der Ecliptik $= \varepsilon$ bekannt ist.

Fig. 42.

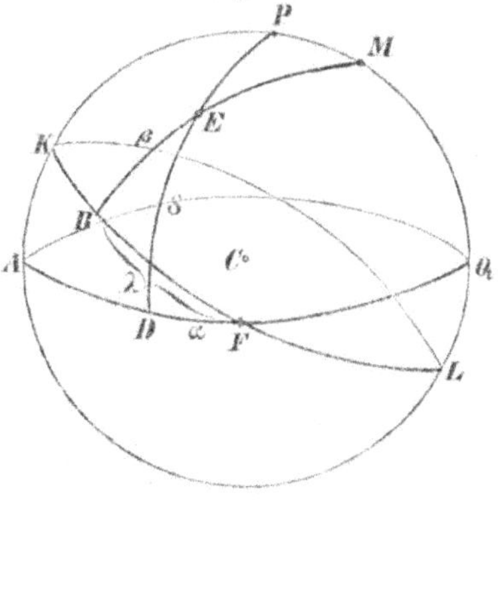

Auflösung. Es sei AQ der Aequator des Himmels, P dessen Pol, KL die Ecliptik und M der Pol derselben; der Durchschnittspunkt F beider Kreise sei der Frühlingspunkt. Legt man durch den Stern E den Declinations-

[1]) Das Azimut der Sonne bei Auf- und Untergang derselben heisst auch ihre Morgen- und Abendweite.

kreis PD, und ferner durch M und E einen grössten, also auf KL senkrechten Kugelkreis, welcher Breitenkreis genannt wird, so ist der Flächenwinkel des Aequators und der Ecliptik, oder der Bogen $AK = PM = \varepsilon$ gegeben, als die Schiefe der Ecliptik. EB ist die Breite β und FD, im Sinne der scheinbaren Bewegung des Himmels gerechnet, die Rectacension α und FB die Länge λ. Das sphärische Dreieck EPM hat hiernach die Seiten $EM = 90^0 - \beta$, $PE = 90^0 - \delta$ (vergl. § 127) und $PM = \varepsilon$; ferner die Winkel $MPE = 90^0 + \alpha$, und $PME = 90^0 - \lambda$.

Sind nun δ und α gegeben, so findet man nach dem Cosinussatze

1) $\sin\beta = \sin\delta \cdot \cos\varepsilon - \cos\delta \cdot \sin\varepsilon \cdot \sin\alpha$,

und nach dem Sinussatze

2) $\cos\lambda = \dfrac{\cos\alpha \cdot \cos\delta}{\cos\beta}$.

Um statt der Formel 1) eine logarithmische zu erhalten, setze man $\sin\delta = m \cdot \sin\varkappa$, $\cos\delta \cdot \sin\alpha = m \cdot \cos\varkappa$, und man erhält

3) $\sin\beta = \dfrac{\sin\delta}{\sin\varkappa} \sin(\varkappa - \varepsilon)$, wenn $\operatorname{tg}\varkappa = \dfrac{\operatorname{tg}\delta}{\sin\alpha}$ ist.

Sind β und λ bekannt, so ist ebenfalls nach dem Cosinussatze:

4) $\sin\delta = \cos\varepsilon \cdot \sin\beta + \sin\varepsilon \cdot \cos\beta \cdot \sin\lambda$

und nach dem Sinussatze

5) $\cos\alpha = \dfrac{\cos\lambda \cdot \cos\beta}{\cos\delta}$, welche Formel mit 2) identisch ist.

Für Formel 4) erhält man die logarithmische

6) $\sin\delta = \dfrac{\sin\beta}{\sin\varkappa} \sin(\varkappa + \varepsilon)$, wenn $\operatorname{tg}\varkappa = \dfrac{\operatorname{tg}\beta}{\sin\lambda}$ ist.

Zusatz. Für die Sonne ist bekanntlich $\beta = 0$, d. h. E und B fallen zusammen und der Bogen $ME = MB$ ist ein Quadrant. Demnach ist in dem rechtseitigen sphärischen Dreiecke

1) $\sin\delta = \sin\varepsilon \cdot \sin\lambda$.

2) $\operatorname{tg}\delta = \operatorname{tg}\varepsilon \cdot \sin\alpha$.

3) $\operatorname{tg}\alpha = \operatorname{tg}\lambda \cdot \cos\varepsilon$.

Beispiele.

1) $\alpha = 94^0\ 27'\ 40''$, $\delta = 43^0\ 14'\ 50''$, $\varepsilon = 23^0\ 27'\ 40''$;
$\beta = 19^0\ 44'\ 40''$, $\lambda = 93^0\ 27'\ 0''$.

2) $\beta = 74^0\ 12'\ 10''$, $\lambda = 124^0\ 19'\ 30''$, $\varepsilon = 23^0\ 27'\ 40''$;
$\delta = 76^0\ 27'\ 10''$, $\alpha = 130^0\ 56'\ 40''$.

3) Die Länge der Sonne sei $\lambda = 136^0\ 0'\ 40''$ und die Schiefe der Ecliptik $\varepsilon = 23^0\ 27'\ 40''$; dann ist $\delta = 16^0\ 3'\ 10''$ und $\alpha = 138^0\ 28'\ 30''$.

4) Ist die Rectascension der Sonne $\alpha = 241^0\ 39'\ 30''$ und die Schiefe der Ecliptik $\varepsilon = 23^0\ 27'\ 40''$, so erhält man $\delta = -20^0\ 54'\ 20''$ und $\lambda = 243^0\ 40'\ 30''$.

IV. Capitel. Anwendung goniometrischer und trigonometrischer Formeln auf Algebra und Geometrie.

A. Die Moivre'sche Formel und Construction einiger einfachen trigonometrischen Ausdrücke.

§ 129. Die vielfachen Anwendungen, welche von den goniometrischen Formeln und den Auflösungsformeln der Dreiecke für die Lösung algebraischer und geometrischer Aufgaben gemacht werden, lassen es zweckmässig erscheinen, einige Fälle dieser Art Anwendung hier zusammenzustellen. Hauptsächlich sind es die Gleichungen zweiten und dritten Grades, sowie diejenigen Gleichungen, welche auf eine Gleichung genannter Art reducirt werden können, bei deren Lösung man sich der goniometrischen Formeln mit Vortheil bedienen kann. Um indess die Lösung dieser Art algebraischer Aufgaben vollständig durchführen zu können, namentlich, um auch die möglicherweise vorkommenden imaginären Wurzeln jener Gleichungen bestimmen zu können, ist es nothwendig, die im Cap. I enthaltenen goniometrischen Formeln noch um einige zu vermehren. Auch sind zur ausgedehnten Anwendung der Auflösungsformeln der Dreiecke für die Construction geometrischer Aufgaben noch einige Bemerkungen darüber vorauszuschicken, wie einige trigonometrischen Ausdrücke construirt werden.

§ 130. **Aus der Arithmetik** darf als bekannt vorausgesetzt werden, dass jede complexe Grösse sich auf die Form $a + b \cdot \sqrt{-1}$ oder: $a + b \cdot i$ reduciren lässt, wenn man nach dem Vorgange von Gauss $i = \sqrt{-1}$ setzt.

Setzt man nun in diesem Ausdrucke

$$\frac{b}{a} = \operatorname{tg} \varphi,$$

so erhält man

$$a + b \cdot i = a\,(1 + i \cdot \operatorname{tg} \varphi) = \frac{a}{\cos \varphi}\,(\cos \varphi + i \cdot \sin \varphi)$$

$$= \frac{b}{\sin \varphi}\,(a + i \cdot \sin \varphi) = \sqrt{a^2 + b^2}\,(\cos \varphi + i \cdot \sin \varphi)$$

Setzt man nun noch $\sqrt{a^2 + b^2} = r$, und berücksichtigt § 16, Zusatz, so ist jede complexe Grösse

$$a + b \cdot i = r\,[\cos (\varphi + \mu \cdot 360^0) + i \cdot \sin (\varphi + \mu \cdot 360^0)],$$

in welcher Formel μ eine ganze Zahl bedeutet.

Anmerkung. In diesem Ausdrucke einer complexen Grösse heisst $r\ (= \sqrt{a^2 + b^2} = \frac{a}{\cos \varphi} = \frac{b}{\sin \varphi})$ der Modulus, und φ das Argument derselben.

Beispiele.

1) $1 + \sqrt{-1} = \sqrt{2}\,(\cos 45^0 + i \cdot \sin 45^0)$

2) $1 + \sqrt{-3} = 1 + \sqrt{3} \cdot i = 2\,(\cos 60^0 + i \cdot \sin 60^0)$

3) $2 + \sqrt{-5} = 2 + \sqrt{5} \cdot i = 3\,(\cos 48^0\ 11'\ 22'',9 + i \cdot \sin 48^0\ 11'\ 22'',9)$.

§ 131. Unter Berücksichtigung der §§ 20, 21, 22 und 23 erhält man

1) $(\cos \alpha + i \cdot \sin \alpha)(\cos \beta + i \cdot \sin \beta) = \cos (\alpha + \beta) + i \cdot \sin (\alpha + \beta)$.

Ebenso ist:

2) $[\cos (\alpha + \beta) + i \cdot \sin (\alpha + \beta)]\,(\cos \gamma + i \cdot \sin \gamma) = \cos (\alpha + \beta + \gamma) + i \cdot \sin (\alpha + \beta + \gamma)$.

Wird $\alpha = \beta = \gamma$, so erhält man

3) $(\cos \alpha + i \cdot \sin \alpha)^2 = \cos 2\alpha + i \cdot \sin 2\alpha$, und

4) $(\cos \alpha + i \cdot \sin \alpha)^3 = \cos 3\alpha + i \cdot \sin 3\alpha$,

und überhaupt, da die Zahl der Factoren beliebig sein kann,

5) $(\cos\alpha \pm i\cdot\sin\alpha)^n = \cos n\cdot\alpha \pm i\cdot\sin n\cdot\alpha$,

so lange n eine ganze positive Zahl bedeutet.

Da man ferner durch Potenzirung mit n auf beiden Seiten der supponirten Gleichung

$$\sqrt[n]{\cos\alpha \pm i\sin\alpha} = \cos\frac{1}{n}\cdot\alpha \pm i\cdot\sin\frac{1}{n}\cdot\alpha$$

die nach dem Vorhergehenden wirklich bestehende Gleichung

$$(\cos\frac{1}{n}\cdot\alpha \pm i\cdot\sin\frac{1}{n}\alpha)^n = \cos\alpha \pm i\sin\alpha$$

erhält, so gilt auch

6) $\sqrt[n]{\cos\alpha \pm i\cdot\sin\alpha} = \cos\frac{1}{n}\cdot\alpha \pm i\cdot\sin\frac{1}{n}\cdot\alpha$, so lange n eine ganze positive Zahl bedeutet.

In gleicher Weise ist

7) $(\cos\alpha \pm i\cdot\sin\alpha)^{\frac{p}{q}} = \sqrt[q]{(\cos\alpha \pm i\cdot\sin\alpha)^p} = \cos\frac{p}{q}\cdot\alpha \pm i\cdot\sin\frac{p}{q}\cdot\alpha$.

Weil schliesslich

8) $(\cos\alpha \pm i\cdot\sin\alpha)^{-n} = \frac{1}{\cos n\cdot\alpha \pm i\cdot\sin n\cdot\alpha} = \cos n\cdot\alpha \mp i\cdot\sin n\cdot\alpha$

(indem $(\cos n\cdot\alpha \mp i\cdot\sin\alpha)(\cos n\cdot\alpha \pm i\cdot\sin n\cdot\alpha) = 1$ ist), so erkennt man, dass die Formeln

9) $(\cos\alpha \pm i\cdot\sin\alpha)^n = \cos n\cdot(\alpha + \mu\cdot 360^0) \pm i\cdot\sin n\cdot(\alpha + \mu\cdot 360^0)$

10) $\sqrt[n]{\cos\alpha \pm i\cdot\sin\alpha} = \cos\frac{1}{n}(\alpha + \mu\cdot 360^0) \pm i\cdot\sin\frac{1}{n}(\alpha + \mu\cdot 360^0)$

für jedes ganze und gebrochene, positive und negative n Gültigkeit haben.

Diese Formel 9) oder 10) in ihrer allgemeinen Gültigkeit ist unter dem Namen der Moivre'schen Formel bekannt.

§ 132. Nach den vorhergehenden Formeln ist man im Stande die sämmtlichen Wurzeln der positiven, negativen und imaginären Einheit, sowie einer complexen Grösse zu bestimmen. Setzt man nämlich in Formel 10) des vorhergehenden Paragraphen $\alpha = 0$, so erhält man

1) $\sqrt[n]{1} = \cos \frac{1}{n} \cdot \mu \cdot 360^0 + i \cdot \sin \frac{1}{n} \cdot \mu \cdot 360^0$.

Da μ nur ganzzahlig sein kann, so giebt dieser Ausdruck n verschiedene Werthe, welche den Werthen $\mu = 0, 1, 2, \ldots$ bis $(n - 1)$ entsprechen. Gäbe man μ noch höhere Werthe, so würden sich die Werthe für $\sqrt[n]{1}$ wiederholen.

Beispiel.

$$\sqrt[6]{1} = \cos \frac{1}{6} \cdot \mu \cdot 360^0 + i \cdot \sin \frac{1}{6} \cdot \mu \cdot 360^0,$$

woraus man nach einander die 6 verschiedenen Werthe erhält:

1) $\sqrt[6]{1} = 1$;

2) $= \cos 60^0 + i \cdot \sin 60^0 = \frac{1}{2} (1 + i \cdot \sqrt{3}) = 0{,}5 + 0{,}8660254\, i$;

3) $= \cos 120^0 + i \cdot \sin 120^0 = - \cos 60^0 + i \cdot \sin 60^0 = - 0{,}5 + 0{,}8660254\, i$;

4) $= \cos 180^0 + i \cdot \sin 180^0 = - 1$;

5) $= \cos 240^0 + i \cdot \sin 240^0 = - \cos 60^0 - i \cdot \sin 60^0 = - 0{,}5 - 0{,}8660254\, i$;

6) $= \cos 300^0 + i \cdot \sin 300^0 = \cos 60^0 - i \cdot \sin 60^0 = 0{,}5 - 0{,}8660254\, i$.

Setzt man dagegen in dieselbe Formel 10) $\alpha = 180^0$, so erhält man

2) $\sqrt[n]{-1} = \cos \frac{1}{n} (2\mu + 1)\, 180^0 + i \cdot \sin \frac{1}{n} (2\mu + 1)\, 180^0$,

woraus sich wiederum n verschiedene Werthe ergeben.

Beispiel.

$\sqrt[5]{-1}$ hat nach dieser Formel die 5 verschiedenen Werthe:

1) $\sqrt[5]{-1} = \cos 36^0 + i \cdot \sin 36^0 = 0{,}8090170 + 0{,}5877853\, i$

2) $= \cos 108^0 + i \cdot \sin 108^0 = - \cos 72^0 + i \cdot \sin 72^0 = - 0{,}3090270 + 0{,}9510565\, i$

3) $= \cos 180^0 + i \cdot \sin 180^0 = - 1$;

4) $= \cos 252^0 + i \cdot \sin 252^0 = - \cos 72^0 - i \cdot \sin 72^0$

5) $= \cos 324^0 + i \cdot \sin 324^0 = \cos 36^0 - i \cdot \sin 36^0$.

Wird ferner in Formel 10) (§ 131) $\alpha = 90^0$ gesetzt, so erhält man

3) $\sqrt[n]{\pm i} = \cos\frac{1}{n}(4\mu + 1)\,90^0 \pm i\cdot\sin\frac{1}{n}(4\mu + 1)\,90^0$.

Beispiel. $\sqrt[3]{\pm i}$ hat hiernach diese 3 Werthe:

1) $\sqrt[3]{\pm i} = \cos 30^0 \pm i\cdot\sin 30^0 = 0{,}8660254 \pm 0{,}5\,i$

2) $= \cos 150^0 \pm i\cdot\sin 150^0 = -0{,}8660254 \pm 0{,}5\,i$

3) $= \cos 270^0 \pm i\cdot\sin 270^0 = \mp i$.

Um endlich die verschiedenen Werthe der Wurzeln einer complexen Grösse zu bestimmen, gebe man derselben nach § 130 die Form $r(\cos\varphi \pm i\cdot\sin\varphi)$ und wende die Moivre'sche Formel auf den complexen Factor an. Hiernach findet man

$$\sqrt[5]{2 + i\sqrt{5}} = \sqrt[5]{3(\cos\alpha + i\sin\alpha)},\ \text{wo}\ \operatorname{tg}\alpha = \frac{\sqrt{5}}{2}\ \text{ist.}$$

Es ist also, da hieraus $\alpha = 48^0\,11'\,22'',9$ folgt:

$$\sqrt[5]{2 + i\sqrt{5}} = \sqrt[5]{3}\,[\cos\tfrac{1}{5}(48^0\,11'\,22'',9 + \mu\cdot 360^0)$$
$$+ i\cdot\sin\tfrac{1}{5}(48^0\,11'\,22'',9 + \mu\cdot 360^0)]$$

$$= \sqrt[5]{3}\,[\cos(9^0 38' 16'',58 + \mu\cdot 72^0) + i\cdot\sin(9^0 38' 16'',58 + \mu\cdot 72^0)].$$

Giebt man hierin μ nacheinander die Werthe 0, 1, 2, 3 und 4, so erhält man die 5 verschiedenen Werthe:

1) $\sqrt[5]{2 + i\sqrt{5}} = \sqrt[5]{3}\,[\cos 9^0 38' 16'',58 + i\cdot\sin 9^0 38' 16'',58]$

2) $= \sqrt[5]{3}\,[\cos 81^0\,38'\,16'',58 + i\cdot\sin 81^0\,38'\,16'',58]$

3) $= \sqrt[5]{3}\,(\cos 153^0\,38'\,16'',58 + i\cdot\sin 153^0\,38'\,16'',58)$

4) $= \sqrt[5]{3}\,(\cos 225^0\,38'\,16'',58 + i\cdot\sin 225^0\,38'\,16'',58)$

5) $= \sqrt[5]{3}\,(\cos 297^0\,38'\,16'',58 + i\cdot\sin 297^0\,38'\,16'',58)$.

Zusatz. Die n Werthe von $\sqrt[n]{\pm m}$ erhält man, wenn man $\sqrt[n]{\pm m} = \sqrt[n]{m}\cdot\sqrt[n]{\pm 1}$ setzt, und nach dem Vorhergehenden die n Werthe von $\sqrt[n]{\pm 1}$ bestimmt.

§ 133. Die Construction der einfachen Formeln

1) $\sin x = \frac{m}{n}$, 2) $\cos x = \frac{p}{q}$, 3) $\operatorname{tg} x = \frac{r}{s}$ und 4) $\operatorname{cotg} x = \frac{t}{u}$,

in welchen die Grössen m, n, p u. s. w. gegebene gerade Linien bedeuten, — (wenn diese Grössen Zahlengrössen sind, so lassen sie sich paarweise, wie sie zusammengehören, nach einem beliebigen Massstabe auftragen), — lässt sich mit Zugrundelegung des Begriffs der goniometrischen Funktionen für spitze Winkel auf die Construction eines rechtwinkligen Dreiecks zurückführen, von welchem entweder Hypotenuse und eine Kathete, oder beide Katheten gegeben sind.

Ebenso werden die ferneren Ausdrücke

$$5)\ x = m \cdot \cos\alpha,\quad 6)\ x = m \cdot \sin\alpha,\quad 7)\ x = m \cdot \operatorname{tg}\alpha = \frac{m}{\operatorname{cotg}\alpha}$$

$$9)\ x = \frac{m}{\cos\alpha},\quad x = \frac{m}{\sin\alpha} \text{ und } 10)\ x = \frac{m}{\operatorname{tg}\alpha} = m \cdot \operatorname{cotg}\alpha$$

einfach durch ein rechtwinkliges Dreieck construirt, von welchem entweder die Hypotenuse oder eine Kathete nebst einem spitzen Winkel gegeben sind.

Endlich findet auch die Construction der Formeln

$$11)\ \sin x = \frac{b \,.\, \sin\alpha}{a} \text{ und } 12)\ x = \frac{b \cdot \sin\alpha}{\sin\beta}$$

ihre einfache Erledigung durch die Construction eines Dreieckes, von welchem im ersten Falle 2 Seiten und ein Gegenwinkel, im zweiten eine Seite und zwei Winkel gegeben sind.

§ 134. **Aus der Gleichung**

$$a \cdot \sin x + b \cdot \cos x = c,$$

in welcher a, b und c gegebene gerade Linien bedeuten, findet man den unbekannten Winkel x durch Construction auf folgende Weise. Nachdem man

$$\frac{b}{a} = \operatorname{tg}\varphi$$

in die Gleichung eingesetzt und erhalten hat:

$$\sin(x + \varphi) = \frac{c}{a} \cdot \cos\varphi = \frac{c}{a} \cdot \sin(R - \varphi)$$

construire man ein bei F (Fig. 43) rechtwinkliges Dreieck, dessen Katheten FG und FH den gegebenen Linien b und a gleichen. Dann ist $\sphericalangle FHG = \varphi$, $\sphericalangle FGH = R - \varphi$. Macht man nun $GK = c$, und beschreibt aus K mit a einen Bogen, der die HG in den Punkten L und M schneiden möge, so ist, wenn man noch KL und KM zieht, $\sphericalangle KMG = x + \varphi$ oder $\sphericalangle KLG = x + \varphi$, und also

$$x = \sphericalangle HNM \text{ oder } x = \sphericalangle HPL.$$

Determination. Soll der mit a von K aus beschriebene Bogen die HG schneiden oder wenigstens berühren, so muss

Fig. 43.

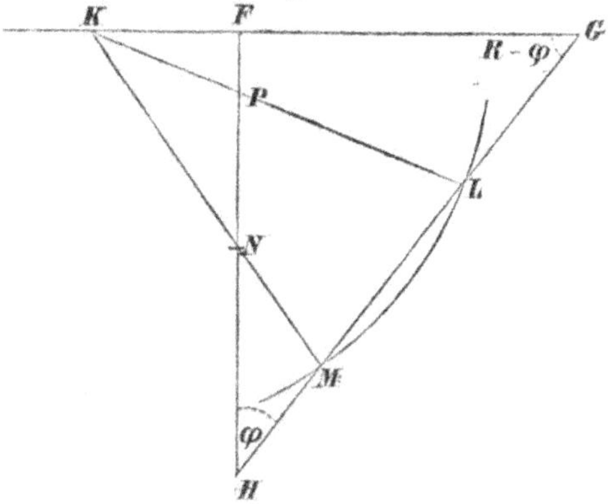

$$c \leq \sqrt{a^2 + b^2}$$

sein.

Zusatz. Aus $a \cdot \sin x - b \cdot \cos x = c$ findet man in ähnlicher Weise $\sin (x - \varphi) = \frac{c}{a} \cdot \sin (R - \varphi)$. An der Figur ist alsdann $x - \varphi = \sphericalangle KLH$ oder $= \sphericalangle KMH$ und darnach $x = \sphericalangle FPL$ oder $= \sphericalangle FNM$.

§ 135. Um aus

$$a \cdot \sin (\alpha + x) = b \cdot \sin (\beta + x),$$

worin a und b gegebene gerade Linien, und α und β gegebene Winkel bedeuten, den unbekannten Winkel x durch Construction zu finden, hat man ein Dreieck zu construiren, in welchem den Seiten a und b die Winkel $\beta + x$ und $\alpha + x$ gegenüber liegen. Da nun $(\alpha + x) - (\beta + x) = \alpha - \beta$ bekannt ist, so kennt man von dem gesuchten Dreiecke 2 Seiten und die Differenz der Winkel an der dritten Seite. Die Construction dieses Dreiecks ist alsdann folgende:

Fig. 44.

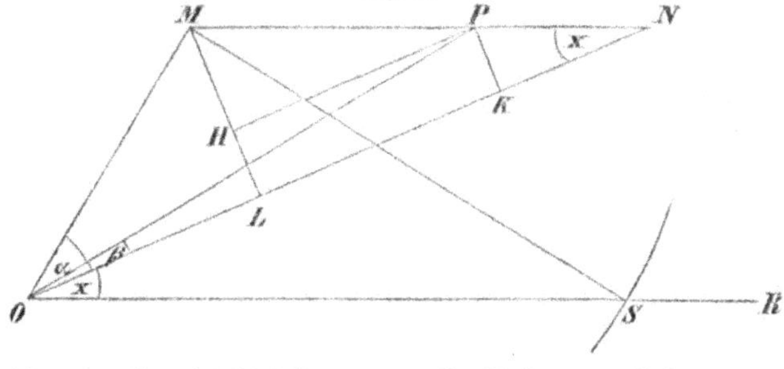

Man mache $\sphericalangle MOP = \alpha - \beta$, $MO = a$, $PO = b$, ziehe MP und $OR \parallel MP$, schliesslich $MS = OP = b$, so ist OSM das verlangte Dreieck, in welchem $OM : MS = \sin MSO : \sin MOS$;

da nun $\sphericalangle MOS - MSO = \sphericalangle POM = \alpha - \beta$ ist, so ist $\sphericalangle MOS = \alpha + x$, und $\sphericalangle MSO = \beta + x$, woraus sich dann leicht $\sphericalangle NOS = x$ ergiebt, wenn $\sphericalangle PON = \beta$ gemacht wird.

1. Zusatz. Da auch $\sphericalangle N = x$ wird, so ergiebt sich durch die blosse Construction des Dreiecks MON, in welchem die Lage der MN wegen der gegebenen Punkte M und P gegeben ist, x auf noch einfachere Weise. In dem Dreiecke OMP ist ferner auch:

$$OM : OP = a : b = \sin MPO : \sin PMO = \sin(\beta + N) : \sin(\alpha + N)$$

also $\sphericalangle N = x$.

2. Zusatz. Löst man $\sin(\alpha + x)$ und $\sin(\beta + x)$ auf, so erhält man

$$\operatorname{tg} x = \frac{a \cdot \sin\alpha - b \cdot \sin\beta}{b \cdot \cos\beta - a \cdot \cos\alpha}.$$

Zieht man nun (Fig. 44) ML und PK senkrecht zu ON, und $PH \perp ML$, so ist

$$ML = a \cdot \sin\alpha,\ HL = b \cdot \sin\beta,$$
$$OK = b \cdot \cos\beta,\ OL = a \cdot \cos\alpha;$$

es ist also:

$$\frac{a \cdot \sin\alpha - b \cdot \sin\beta}{b \cdot \cos\beta - a \cdot \cos\alpha} = \frac{ML - HL}{OK - OL} = \frac{MH}{HP} = \operatorname{tg} N = \operatorname{tg} x.$$

B. Auflösung der Gleichungen zweiten und dritten Grades, sowie der reciproken Gleichungen vierten Grades, mit Hülfe der Goniometrie. Anwendung auf Geometrie.

§ 136. Die Gleichung zweiten Grades

$$x^2 + px = q$$

hat nach der Theorie der Gleichungen die zwei in der Formel

$$x = -\tfrac{1}{2}p \pm \sqrt{\tfrac{1}{4}p^2 + q}$$

enthaltenen Wurzeln, deren Bestimmung für 3 Fälle unterschieden werden muss.

1. Fall. Ist erstens q positiv, so sind die beiden Wurzeln der Gleichung reell. Man erhält sie mit Hülfe der Goniometrie, wenn man die die Wurzeln enthaltende Formel umwandelt in

$$x = -\tfrac{1}{2}p \pm \tfrac{1}{2}p\sqrt{1 + \frac{4q}{p^2}}$$

$$\text{und } \frac{2\sqrt{q}}{p} = \operatorname{tg}\varphi \text{ setzt.}$$

Es ist alsdann (vergl. § 6, Formel 2))

$$x = -\tfrac{1}{2}p\,(1 \mp \frac{1}{\cos\varphi}) = -\frac{\sqrt{q}}{\operatorname{tg}\varphi}\left(\frac{\cos\varphi \mp 1}{\cos\varphi}\right) =$$

$$-\frac{\sqrt{q}\,(\cos\varphi \mp 1)}{\sin\varphi}.$$

Man erhält also:

$$x' = \frac{\sqrt{q}\,(1 - \cos\varphi)}{\sin\varphi} = \operatorname{tg}\tfrac{1}{2}\varphi \cdot \sqrt{q} \quad \text{(§ 27, Formel 13).)}$$

$$x'' = \frac{-\sqrt{q}\,(1 + \cos\varphi)}{\sin\varphi} = -\operatorname{cotg}\tfrac{1}{2}\varphi \cdot \sqrt{q} \quad \text{(§ 27, Formel 14).)}$$

2. Fall. Ist zweitens q negativ, etwa $q = -r$, so sind die beiden Wurzeln der Gleichung reell, so lange

$$p^2 > 4r \text{ ist.}$$

Setzt man dann in der Auflösungsformel

$$x = -\tfrac{1}{2}p \pm \tfrac{1}{2}p\sqrt{1 - \frac{4r}{p^2}}$$

$$\frac{2\sqrt{r}}{p} = \sin\varphi, \text{ so erhält man:}$$

$$x = -\tfrac{1}{2}p\,(1 \mp \cos\varphi) = -\frac{\sqrt{r}}{\sin\varphi}\,(1 \mp \cos\varphi).$$

Hieraus findet man:

$$x' = -\operatorname{tg}\tfrac{1}{2}\varphi\,\sqrt{r} \text{ und } x'' = -\operatorname{cotg}\tfrac{1}{2}\varphi \cdot \sqrt{r}.$$

3. Fall. Die beiden Wurzeln sind indess drittens imaginär, wenn für

$$q = -r \quad p^2 < 4r \text{ ist.}$$

Zur Auffindung der beiden imaginären Wurzeln der Gleichung

$$x^2 + px = -r, \text{ worin } p^2 < 4r \text{ ist,}$$

berücksichtige man, dass

$$x' + x'' = -p, \text{ und } x' \cdot x'' = r \text{ ist.}$$

Setzt man nun

$$x' = \sqrt{r}\,(\cos\varphi + i\cdot\sin\varphi), \text{ und } x'' = \sqrt{r}\,(\cos\varphi - i\cdot\sin\varphi),$$

so wird $x' \cdot x'' = r$; $x' + x'' = -p = 2\sqrt{r} \cdot \cos\varphi$, woraus man $\cos\varphi = -\frac{p}{2\sqrt{r}}$, und also auch φ findet.

Anmerkung. Man gelangt in den Fällen, wo die Wurzeln reell sind, auch auf einfache Weise zu den vorhin entwickelten Formeln, wenn man die hier zuletzt angewandte Beziehung zwischen den Wurzeln der Gleichung und den Grössen p und q zu Grunde legt.

Beispiele.

1) $x^2 + 2{,}73\,x = 11{,}538.$

Auflösung. $\frac{2\sqrt{11{,}538}}{2{,}73} = \operatorname{tg}\varphi$; $\log\operatorname{tg}\varphi = 0{,}3959326$, $\varphi = 68^0\,6'\,25'',6$, $\frac{1}{2}\varphi = 34^0\,3'\,12'',8$, woraus man findet: $x' = 2{,}29577$, $x'' = -5{,}02577$.

2) $x^2 - 9{,}84533\,x = -17{,}03816.$

Auflösung. Es ist $p^2 > 4r$, daher

$$\frac{2\sqrt{17{,}03816}}{-9{,}84533} = \sin\varphi; \ \log\sin\varphi = 9{,}9235110 \text{ (neg)}$$

$\varphi = 236^0\,59'\,1'',2$; $\frac{1}{2}\varphi = 118^0\,29'\,30'',6$, woraus man erhält: $x' = 7{,}60492$, $x'' = 2{,}24041$.

3) $x^2 + 3{,}45678\,x = -19{,}87654.$

Hier ist $p^2 < 4r$, daher die Wurzeln imaginär. Es ist dann $\cos\varphi = -\frac{3{,}45678}{2\sqrt{19{,}87654}}$; $\log\cos\varphi = 9{,}5884712$ (neg), $\varphi = 112^0\,48'\,36'',3$, und folglich

$$x' = \sqrt{19{,}87654}\,(\cos 112^0\,48'\,36'',3 + i\cdot\sin 112^0\,48'\,36'',3)$$
$$= -1{,}72839 + 4{,}10965\,i,$$
$$x'' = \sqrt{19{,}87654}\,(\cos 112^0\,48'\,36'',3 - i\cdot\sin 112^0\,48'\,36'',3)$$
$$= -1{,}72839 - 4{,}10965\,i.$$

§ 137. Die **reellen** Wurzeln einer quadratischen Gleichung

$$x^2 + px = q.$$

findet man noch auf folgende Weise. Man setze

$$x' = \operatorname{tg}\varphi,\ x'' = \operatorname{tg}\varphi', \text{ alsdann ist}$$
$$x' + x'' = \operatorname{tg}\varphi + \operatorname{tg}\varphi' = -p \text{ und}$$
$$x'\cdot x'' = \operatorname{tg}\varphi\cdot\operatorname{tg}\varphi' = -q.$$

Nun ist (§ 25) 1) $\operatorname{tg}(\varphi+\varphi') = \frac{\operatorname{tg}\varphi + \operatorname{tg}\varphi'}{1 - \operatorname{tg}\varphi\cdot\operatorname{tg}\varphi'} = -\frac{p}{1+q}$

Aus der Identität

$$\cos(\varphi - \varphi') = \frac{\cos(\varphi - \varphi')}{\sin(\varphi + \varphi')} \cdot \sin(\varphi + \varphi')$$

findet man durch Auflösung und Reduction

$$2)\ \cos(\varphi - \varphi') = \frac{1 + \operatorname{tg}\varphi \cdot \operatorname{tg}\varphi'}{\operatorname{tg}\varphi + \operatorname{tg}\varphi'} \cdot \sin(\varphi + \varphi')$$

$$= \frac{q - 1}{p} \cdot \sin(\varphi + \varphi').$$

Aus 1) findet man $\varphi + \varphi'$, aus 2) $\varphi - \varphi'$, woraus man φ und φ' einzeln und dann $\operatorname{tg}\varphi$ und $\operatorname{tg}\varphi'$ bestimmen kann.

Beispiel. $x^2 + 12{,}3\,x = -21{,}89.$

Auflösung. $\operatorname{tg}(\varphi + \varphi') = -\frac{12{,}3}{1 - 21{,}89} = \frac{12{,}3}{20{,}89}$

$\log\operatorname{tg}(\varphi + \varphi') = 9{,}7699667;\ \varphi + \varphi' = 30^0\ 29'\ 22'',24;$

$\cos(\varphi - \varphi') = -\frac{22{,}89}{12{,}3}\sin(\varphi + \varphi');$

$$\log\cos(\varphi - \varphi') = 9{,}9750746\ (\text{neg}),$$

$$\varphi - \varphi' = 160^0\ 46'\ 23'',92,\quad \varphi = 95^0\ 37'\ 53'',08;$$

$$\varphi' = -65^0\ 8'\ 30'',84$$

$\operatorname{tg}\varphi = x' = -10{,}14154;\ \operatorname{tg}\varphi' = x'' = -2{,}15845.$

Anmerkung. Nimmt man $\varphi + \varphi'$ im dritten, und $\varphi - \varphi'$ dann im vierten Quadranten, so erhält man dasselbe Resultat.

§ 138. Die Gleichungen zweiten Grades mit zwei Unbekannten führt man behufs ihrer Lösung auf einige Hauptfälle zurück.

1. Fall. $x + y = a,\ xy = b.$

Setzt man $x = \sqrt{b} \cdot \operatorname{tg}\varphi$ und $y = \sqrt{b} \cdot \operatorname{cotg}\varphi$, so ist $xy = b$; man erhält dann

$x + y = a = \sqrt{b}\,(\operatorname{tg}\varphi + \operatorname{cotg}\varphi) = \sqrt{b} \cdot \frac{2}{\sin 2\varphi}$, (§ 28, Zus.).

Bestimmt man hieraus

$$\sin 2\varphi = \frac{2\sqrt{b}}{a},\ \text{so sind}$$

$$x = \sqrt{b} \cdot \operatorname{tg}\varphi,\ y = \sqrt{b} \cdot \operatorname{cotg}\varphi$$

die Werthe der Unbekannten.

$$\frac{2\sqrt{b}}{a}$$

kann nur dann dem Sinus eines Winkels gleichgesetzt werden,

wenn $2\sqrt{b}$ nicht grösser als a ist; ist also $4b > a^2$, so setze man

$$x = \sqrt{b}\,(\cos\varphi + i\cdot\sin\varphi),\ y = \sqrt{b}\,(\cos\varphi - i\cdot\sin\varphi),$$

wodurch auch $xy = b$ wird; dann ist

$$x + y = a = 2\sqrt{b}\cdot\cos\varphi, \text{ und } \cos\varphi = \frac{a}{2\sqrt{b}}.$$

2. Fall. $x + y = a,\ xy = -c.$

Man setze

$$x = -\sqrt{c}\cdot\operatorname{tg}\varphi,\ y = \sqrt{c}\cdot\operatorname{cotg}\varphi;$$

alsdann erhält man

$$x + y = a = \sqrt{c}\,(\operatorname{cotg}\varphi - \operatorname{tg}\varphi) = 2\sqrt{c}\cdot\operatorname{cotg}2\varphi, \text{ (§28, Zus.)}$$

und also

$$\operatorname{tg}2\varphi = \frac{2\sqrt{c}}{a}.$$

3. Fall. $x^2 + y^2 = m,\ xy = n.$

Man setze $x = \sqrt{m}\cdot\sin\varphi,\ y = \sqrt{m}\cdot\cos\varphi$, wodurch $x^2 + y^2 = m$ bleibt; dann wird

$$xy = n = m\cdot\sin\varphi\cdot\cos\varphi = m\cdot\tfrac{1}{2}\sin 2\varphi, \text{ also}$$

$$\sin 2\varphi = \frac{2n}{m}.$$

Ist $2n > m$, so setze man

$$x = \sqrt{n}\,(\cos\varphi + i\cdot\sin\varphi),\ y = \sqrt{n}\,(\cos\varphi - i\cdot\sin\varphi);$$

dann erhält man zur Bestimmung des Hülfswinkels $x^2 + y^2 = m = 2n\cdot\cos 2\varphi$, also $\cos 2\varphi = \frac{m}{2n}$.

4. Fall. $x^2 + y^2 = m,\ x + y = n.$

Setzt man hier $x = \sqrt{m}\cdot\sin\varphi,\ y = \sqrt{m}\cdot\cos\varphi$, so findet man den Hülfswinkel aus

$$x + y = n = \sqrt{m}\,(\sin\varphi + \cos\varphi)$$
$$= \sqrt{2m}\cdot\sin(45^0 + \varphi), \text{ (§ 28, 17)},$$

nämlich $\sin(45^0 + \varphi) = \frac{n}{\sqrt{2m}}$.

Ist $n^2 > 2m$, so setze man

$$x = \tfrac{1}{2}n\,(1 + i\cdot\sin\varphi),\ y = \tfrac{1}{2}n\,(1 - i\cdot\sin\varphi);$$

dadurch bleibt $x + y = n$: man erhält nun ferner

$$x^2 + y^2 = m = \tfrac{1}{4} n^2 (2 - 2 \sin \varphi^2) = \tfrac{1}{2} n^2 \cos \varphi^2,$$ und

hieraus
$$\cos \varphi = \frac{\sqrt{2m}}{n}.$$

1. **Zusatz.** Die Symmetrie der in diesen 4 Fällen enthaltenen Gleichungen gestattet eine Vertauschung der Werthe von x und y mit einander.

2. **Zusatz.** Die Gleichung $x + y = -a$, $xy = b$ entspricht dem unter 1. angegebenen Falle, wenn man statt derselben $(-x) + (-y) = a$, $(-x)(-y) = b$ setzt.

Die Gleichungen

$$x - y = a,\ xy = b; \text{ und } x - y = -a,\ xy = -b$$

gehören zu der in 2. angegebenen Form. Man setze statt der ersteren

$$x + (-y) = a,\ x(-y) = -b,$$

und statt der andern

$$(-x) + y = a,\ (-x)(y) = -b.$$

3. **Zusatz.** Die Behandlung von Beispielen ist der Behandlung der in § 136 gelössten Beispiele ganz analog.

§ 139. Die reciproke Gleichung 4. Grades

$$x^4 + ax^3 - bx^2 + ax + 1 = 0$$

lässt sich bekanntlich auf zwei quadratische Gleichungen reduciren, wenn man durch x^2 dividirt und $x + \frac{1}{x} = y$ setzt. Man erhält zunächst

$$\left(x^2 + \frac{1}{x^2}\right) + a\left(x + \frac{1}{x}\right) = b, \text{ und ferner } x + \frac{1}{x} = y \text{ gesetzt:}$$

$$y^2 + ay = b + 2.$$

Hieraus erhält man, wenn die Wurzeln der Gleichung mit y' und y'' bezeichnet werden

$$y' + y'' = -a,\ y' \cdot y'' = -(b + 2).$$

Setzt man nun $y' = -\sqrt{b+2} \cdot \operatorname{tg} \varphi$, $y'' = \sqrt{b+2} \operatorname{cotg} \varphi$, so ist $-a = -\sqrt{b+2}\,(\operatorname{tg} \varphi - \operatorname{cotg} \varphi) = 2\sqrt{b+2} \cdot \operatorname{cotg} 2\varphi$, woraus man hat

$$\operatorname{tg} 2\varphi = -\frac{2\sqrt{b+2}}{a}.$$

Es ist also

$$x + \frac{1}{x} = -\sqrt{b+2} \cdot \operatorname{tg} \varphi \quad \text{oder} \quad x + \frac{1}{x} = \sqrt{b+2} \cdot \operatorname{cotg} \varphi,$$

oder

1) $x^2 + \sqrt{b+2} \operatorname{tg} \varphi \cdot x = -1$ und

2) $x^2 - \sqrt{b+2} \operatorname{cotg} \varphi \cdot x = -1$.

Behandelt man beide Gleichungen nach § 136, 2. Fall, so erhält man die 4 Wurzelwerthe der obigen Gleichung:

$$\left.\begin{aligned} x' &= -\operatorname{tg} \tfrac{1}{2} \psi \\ x'' &= -\operatorname{cotg} \tfrac{1}{2} \psi \end{aligned}\right\} \text{ wenn } \sin \psi = \sqrt{\frac{4}{b+2}} \cdot \cot \varphi \text{ ist.}$$

$$\left.\begin{aligned} x''' &= -\operatorname{tg} \tfrac{1}{2} \psi' \\ x'''' &= -\operatorname{cotg} \tfrac{1}{2} \psi' \end{aligned}\right\} \text{ wenn } \sin \psi' = -\sqrt{\frac{4}{b+2}} \cdot \operatorname{tg} \varphi \text{ ist.}$$

Wären die Wurzeln von 1) oder 2), oder von beiden Gleichungen imaginär, so hätte man nach § 136, 3. Fall, zu verfahren, und erhielte:

$$\left.\begin{aligned} x' \\ x'' \end{aligned}\right\} = \cos \psi \pm i \cdot \sin \psi \text{ für } \cos \psi = -\sqrt{\frac{b+2}{4}} \cdot \operatorname{tg} \varphi, \text{ und}$$

$$\left.\begin{aligned} x''' \\ x'''' \end{aligned}\right\} = \cos \psi' \pm i \cdot \sin \psi' \text{ für } \cos \psi' = +\sqrt{\frac{b+2}{4}} \cdot \operatorname{cotg} \varphi.$$

Beispiel. $x^4 + 7x^3 - 12x^2 + 7x + 1 = 0$.

Auflösung. $\operatorname{tg} 2\varphi = -\frac{2\sqrt{14}}{7}$, $\log \operatorname{tg} 2\varphi = 0{,}0289960$ (neg),

$$2\varphi = 133^0\, 5'\, 19'',4, \quad \varphi = 66^0\, 32'\, 39'',7.$$

Dann ist nach § 136, 2. Fall:

$$\sin \psi = \sqrt{\frac{4}{b+2}} \cdot \operatorname{cotg} \varphi, \; \psi = 13^0\, 24'\, 37'',6, \; \tfrac{1}{2}\psi = 6^0 42' 18'' 8.$$

$$x' = -\operatorname{tg} \tfrac{1}{2} \psi = -0{,}117565, \; x'' = -\operatorname{cotg} \tfrac{1}{2} \psi = -8{,}505904;$$

$$\sin \psi' = -\sqrt{\frac{4}{b+2}} \cdot \operatorname{tg} \varphi \text{ wird } > 1, \text{ also unmöglich.}$$

Daher ist nach § 136, 3. Fall.: $\cos \psi' = \sqrt{\frac{b+2}{4}} \cdot \operatorname{cotg} \varphi$, $\log \cos \psi' = 9{,}9094157$, $\psi' = 35^0\, 44'\, 2'',2$, und also

$$x''' \text{ und } x'''' = \cos 35^0\, 44'\, 2'',2 \pm i \cdot \sin 35^0\, 44'\, 2'',2$$
$$= 0{,}811738 \pm 0{,}584022\, i.$$

§ 140. Die cubische Gleichung

$$x^3 + px = q$$

findet auf trigonometrischem Wege ihre Lösung, wenn man, wie bei der Entwicklung der cardanischen Formel

$$x = y + z$$

setzt, und berücksichtigt, dass

$$(y + z)^3 - 3yz(y + z) = y^3 + z^3 \text{ ist.}$$

Vergleicht man diese Gleichung mit der ursprünglichen, so hat man $-3yz = p$, und $y^3 + z^3 = q$ zu setzen und aus diesen beiden Gleichungen y und z zu bestimmen, um $x = y + z$ zu erhalten.

Bei der Auflösung sind 3 Fälle zu unterscheiden.

1. Fall. p ist positiv. Man setze

$$y = -\sqrt{\tfrac{1}{3}p} \cdot \operatorname{tg}\varphi,\quad z = \sqrt{\tfrac{1}{3}p} \cdot \operatorname{cotg}\varphi,$$

dann ist $-3yz = p$; man hat dann ferner

$$y^3 + z^3 = q = \sqrt{\tfrac{1}{27}p^3}\,(-\operatorname{tg}\varphi^3 + \operatorname{cotg}\varphi^3).$$

Nun setze man: $\operatorname{tg}\varphi^3 = \operatorname{tg}\psi$ und man hat:

$$q = \frac{p}{3}\sqrt{\tfrac{1}{3}p}\,(-\operatorname{tg}\psi + \operatorname{cotg}\psi) = \frac{2p}{3}\sqrt{\tfrac{1}{3}p} \cdot \operatorname{cotg} 2\psi$$

woraus man erhält:

$$\operatorname{tg} 2\psi = \frac{2p\sqrt{\tfrac{1}{3}p}}{3q}.$$

Es ist alsdann

$$x' = y + z = 2\sqrt{\tfrac{1}{3}p} \cdot \operatorname{cotg} 2\varphi, \text{ worin } \operatorname{tg}\varphi = \sqrt[3]{\operatorname{tg}\psi} \text{ ist.}$$

Nun sind, wenn x' eine Wurzel der Gleichung $x^3 + mx + n = 0$ ist, die beiden andern Wurzeln enthalten in der Formel

$$-\tfrac{1}{2}x' \pm \sqrt{-\tfrac{3}{4}x'^2 - m}.$$

Man erhält darnach die beiden anderen Wurzeln der Gleichung

$$\left.\begin{matrix} x'' \\ x''' \end{matrix}\right\}\begin{cases} = -\sqrt{\tfrac{1}{3}p} \cdot \operatorname{cotg} 2\varphi \pm \sqrt{-p \cdot \operatorname{cotg} 2\varphi^2 - p} \\ = -\sqrt{\tfrac{1}{3}p}\left[\operatorname{cotg} 2\varphi \mp \dfrac{\sqrt{-3}}{\sin 2\varphi}\right] = -\dfrac{\sqrt{\tfrac{1}{3}p}}{\sin 2\varphi}\left[\cos 2\varphi \mp \sqrt{-3}\right]. \\ = -\tfrac{1}{2}x' \pm \dfrac{\tfrac{1}{2}x'\sqrt{-3}}{\cos 2\varphi}. \end{cases}$$

2. Fall. p ist negativ, etwa $p = -r$ und $q^2 > \frac{4}{27} r^3$.

In diesem Falle setze man

$$y = \sqrt{\tfrac{1}{3} r} \cdot \operatorname{tg} \varphi, \quad z = \sqrt{\tfrac{1}{3} r} \cdot \operatorname{cotg} \varphi.$$

Es ist dann ferner

$$y^3 + z^3 = q = \sqrt{\tfrac{1}{27} r^3} (\operatorname{tg} \varphi^3 + \operatorname{cotg} \varphi^3) = \frac{2r\sqrt{\frac{1}{3}r}}{3 \sin 2\psi} \quad (\S\ 28,\ \text{Zus.})$$

wenn $\operatorname{tg} \varphi^3 = \operatorname{tg} \psi$ gesetzt wird. Den Hülfswinkel ψ findet man dann aus:

$$\sin 2\psi = \frac{2r\sqrt{\frac{1}{3}r}}{3q},$$

und man erhält endlich

$$x' = y + z = \frac{2\sqrt{\frac{1}{3}r}}{\sin 2\varphi}.$$

Die beiden anderen Wurzeln sind alsdann (vergl. 1. Fall)

$$\left.\begin{matrix} x'' \\ x''' \end{matrix}\right\} \begin{cases} = -\dfrac{\sqrt{\frac{1}{3}r}}{\sin 2\varphi} \pm \sqrt{-\dfrac{3}{4} \cdot \dfrac{\frac{4}{3}r}{\sin 2\varphi^2} + r} \\ = -\dfrac{\sqrt{\frac{1}{3}r}}{\sin 2\varphi} [1 \mp \cos 2\varphi \sqrt{-3}] \\ = -\frac{1}{2} x' \pm \frac{1}{2} x' \cdot \cos 2\varphi \sqrt{-3} \end{cases}$$

3. Fall. p ist negativ, etwa $p = -r$, und $q^2 < \frac{4}{27} r^3$.

In diesem Falle setze man

$$y = \sqrt{\tfrac{1}{3} r} (\cos \varphi + i \cdot \sin \varphi), \quad z = \sqrt{\tfrac{1}{3} r} (\cos \varphi - i \cdot \sin \varphi);$$

dann bleibt auch $-3yz = p$; man erhält alsdann nach der Moivre'schen Formel (§ 131):

$$y^3 + z^3 = q = \sqrt{\tfrac{1}{27} r^3} (\cos 3\varphi + i \cdot \sin 3\varphi) + \sqrt{\tfrac{1}{27} r^3} (\cos 3\varphi - i \cdot \sin 3\varphi)$$

$$= \tfrac{2}{3} r \sqrt{\tfrac{1}{3} r} \cos 3\varphi \quad \text{und für den Hülfswinkel:}$$

$$\cos 3\varphi = \frac{3q}{2r\sqrt{\frac{1}{3}r}}.$$

Es ist alsdann $x' = y + z = 2\sqrt{\frac{1}{3} r} \cdot \cos \varphi$.

Die beiden andern Wurzeln sind (vergl. 1. Fall)

$$x'' \text{u.} x''' \begin{cases} = -\sqrt{\frac{1}{3} r} \cdot \cos \varphi \pm \sqrt{-\frac{3}{4} \cdot \frac{4}{3} r \cos \varphi^2 + r}. \\ = -\sqrt{\frac{1}{3} r} (\cos \varphi \mp \sqrt{3} \cdot \sin \varphi) \\ = -2\sqrt{\frac{1}{3} r} (\frac{1}{2} \cos \varphi \mp \frac{1}{2} \sqrt{3} \sin \varphi) \\ = -2\sqrt{\frac{1}{3} r} \cdot \cos (60^0 \pm \varphi) = -2\sqrt{\frac{1}{3} r} \cdot \sin (30 \pm \varphi). \end{cases}$$

1. Zusatz. Die Gleichung $x^3 - rx = -q$ ergiebt sich aus $x^3 - rx = q$, wenn man $-x$ an die Stelle von x setzt. Die Wurzeln derselben sind also dieselben, wie die für den 2. Fall (resp. 3. Fall) angegebenen, wenn sie nur negativ genommen werden.

2. Zusatz. Man kann die vorhergehenden Formeln auch durch Behandlung der cardanischen Formel ableiten.

Beispiele.

1) $x^3 + 8x = 51.$

Auflösung. Es ist: $\operatorname{tg} 2\psi = \frac{32\sqrt{6}}{459}$, $\log \operatorname{tg} 2\psi = 9{,}2324129$

$$2\psi = 9^0\,41'\,27'',4; \quad \psi = 4^0\,50'\,43'',7, \quad \log \operatorname{tg} \psi = 8{,}9282506$$

$$\tfrac{1}{3} \log \operatorname{tg} \psi = \log \operatorname{tg} \varphi = 9{,}6427502, \quad \varphi = 23^0\,42'\,55'',3;$$

$$2\varphi = 47^0\,25'\,50'',5, \; \log x' = 0{,}4771213, \; x' = 3;$$

$$\left.\begin{matrix} x'' \\ x''' \end{matrix}\right\} = -1{,}5 \pm 3{,}84057\, i.$$

2) $x^3 - 9x = 280.$

Auflösung. Es ist, da $280^2 > \frac{4}{27} \cdot 9^3$ ist,

$$\sin 2\psi = \frac{3\sqrt{3}}{140}, \; \log 2\psi = 8{,}5695539$$

$$2\psi = 2^0\,7'\,37'',4, \; \psi = 1^0\,3'\,48'',7, \; \log \operatorname{tg} \psi = 8{,}2686761$$

$$\tfrac{1}{3} \log \operatorname{tg} \psi = \log \operatorname{tg} \varphi = 9{,}4228920, \; \varphi = 14^0\,49'\,50'',4,$$

$$2\varphi = 29^0\,39'\,40'',8, \; \log x' = 0{,}8450974, \; x' = 7;$$

$$\left.\begin{matrix} x'' \\ x''' \end{matrix}\right\} = -3{,}5 \pm 5{,}26782\, i.$$

3) $x^3 - 27{,}25\, x = 52{,}5.$

Auflösung. Es ist $52{,}5^2 < \frac{4}{27} \cdot 27{,}25^3$, daher ist

$$\cos 3\varphi = \frac{3 \cdot 52{,}5}{2 \cdot 27{,}25 \sqrt{\frac{27{,}25}{3}}}, \; \log \cos 3\varphi = 9{,}9817615$$

$$3\varphi = 16^0\,29'\,20'',8 \quad \varphi = 5^0\,29'\,46'',9$$

$$\log x' = \log \left[2\sqrt{\frac{27{,}25}{3}} \cdot \cos\varphi\right] = 0{,}7781512, \; x' = 6;$$

$$x'' = -2\sqrt{\frac{27,25}{3}} \cdot \cos 65^0\,29'\,46'',9 = -2,5,$$

$$x''' = -2\sqrt{\frac{27,25}{3}} \cos 54^0\,30'\,13'',1 = -3,5.$$

4) $x^3 - 9x = -280.$

Auflösung. Nach dem ersten Zusatz dieses Paragraphen hat diese Gleichung die negativen Wurzeln der unter 2) gelösten Gleichung; es ist also

$$x' = -7, \quad \left.\begin{matrix} x'' \\ x''' \end{matrix}\right\} = 3,5 \mp 5,26782\, i.$$

§ 141. Als Beispiel der Anwendung der Trigonometrie zur Lösung geometrischer Aufgaben möge folgende Aufgabe dienen:

Aufgabe. Von einem Dreiecke seien gegeben zwei Seiten und die Halbirungslinie des eingeschlossenen Winkels; dasselbe zu construiren.

Fig. 45.

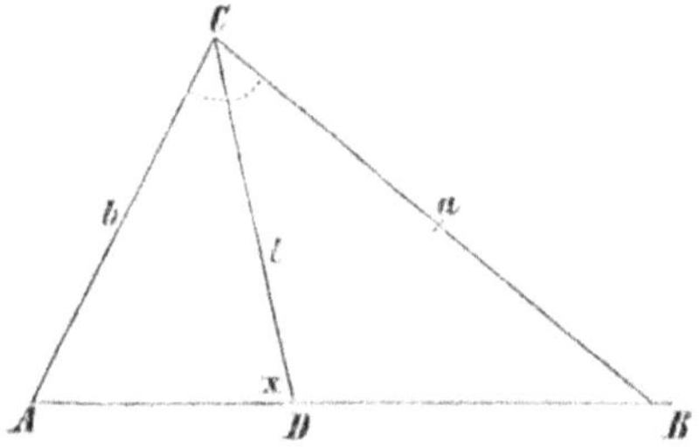

Auflösung. Es seien vom Dreiecke ABC gegeben die beiden Seiten $BC = a$, $AC = b$, und die Halbirungslinie des Winkels C, nämlich $CD = t$. Nach dem Sinussatze ist

$$\begin{aligned} a : a + b &= \sin A : \sin A + \sin B \\ &= \sin A : 2 \sin \tfrac{1}{2}(A + B) \cdot \cos \tfrac{1}{2}(A - B) \\ &= \sin A : 2 \cos \tfrac{1}{2} C \cdot \cos \tfrac{1}{2}(A - B). \end{aligned}$$

Im Dreiecke ADC ist

$$t : b = \sin A : \sin x$$

oder, da $x = B + \frac{1}{2} C = 2R - (A + \frac{1}{2} C)$ ist,

woraus folgt $\quad x = R + \frac{1}{2}(B - A)$,

$$\begin{aligned} t : b &= \sin A : \sin [R + \tfrac{1}{2}(B - A)] \\ &= \sin A : \cos \tfrac{1}{2}(B - A). \end{aligned}$$

Aus der Vergleichung von $a : a + b$ und $t : b$ erhält man

$$a : a + b = t : 2\,b \cdot \cos \tfrac{1}{2}\,C,$$

also
$$\cos \tfrac{1}{2}\,C = \frac{a+b}{2\,ab} \cdot t.$$

Nun ist $\frac{2\,ab}{a+b}$ das sogenannte harmonische Mittel zwischen a und b; setzt man dieses $= s$, so ist endlich

$$\cos \tfrac{1}{2}\,C = \frac{t}{s}$$

woraus $\frac{1}{2}\,C$ und also auch $\sphericalangle\, C$ leicht construirt werden kann.

§ 142. Endlich möge noch folgendes Beispiel dazu dienen, zu zeigen, dass man die trigonometrischen Formeln zur Beweisführung geometrischer Lehrsätze verwenden kann.

Lehrsatz. Die Mittelpunkte der gleichseitigen Dreiecke, welche über den Seiten eines beliebigen Dreiecks entweder sämmtlich nach aussen, oder nach innen, beschrieben sind, sind stets die Ecken eines gleichseitigen Dreiecks.

Fig. 46.

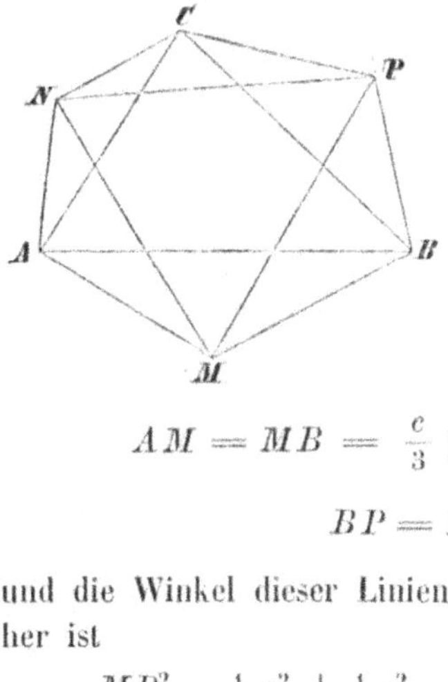

Beweis. Sind M, N und P die Mittelpunkte der über den Dreiecksseiten AB, AC und BC beschriebenen gleichseitigen Dreiecke, so ist, wenn Seiten und Winkel des ursprünglichen Dreiecks in gewohnter Weise bezeichnet werden,

$$AM = MB = \frac{c}{3}\sqrt{3},\ AN = NC = \frac{b}{3}\sqrt{3},$$
$$BP = PC = \frac{a}{3}\sqrt{3},$$

und die Winkel dieser Linien mit den Dreiecksseiten je 30^0; daher ist

$$MP^2 = \tfrac{1}{3}\,a^2 + \tfrac{1}{3}\,c^2 - \tfrac{2}{3}\,ac \cdot \cos(B + 60^0)$$
$$= \tfrac{1}{3}\,a^2 + \tfrac{1}{3}\,c^2 - \tfrac{2}{3}\,ac\,(\tfrac{1}{2}\cos B - \tfrac{1}{2}\sqrt{3}\sin B)$$
$$= \tfrac{1}{3}\,a^2 + \tfrac{1}{3}\,c^2 - \tfrac{1}{3}\,ac\cos B + \tfrac{1}{3}\sqrt{3}\,ac\sin B.$$

Setzt man nun nach der Cosinusformel

$$ac \cdot \cos B = \tfrac{1}{2}\,(a^2 + c^2 - b^2) \text{ und ferner}$$

$$ac \cdot \sin B = 2\,F \text{ (§ 50, 1)},$$

so ist: $$MP^2 = \tfrac{1}{6}(a^2 + b^2 + c^2) + \tfrac{2}{3}\,F \cdot \sqrt{3}.$$

Aus der Form des Ausdruckes für MP^2 folgt, dass man für MN^2 und NP^2 denselben Ausdruck finden würde. Es ist daher $\triangle MNP$ ein gleichseitiges.

Zusatz. Werden die gleichseitigen Dreiecke nach innen beschrieben, so ist die Beweisführung ganz analog; man erhält $MN^2 = MP^2 = NP^2 = \tfrac{1}{6}(a^2 + b^2 + c^2) - \tfrac{2}{3}\,F \cdot \sqrt{3}$.

I. Anhang.

Vorbemerkung. Die in diesem Anhange zusammengestellten Formeln sollen einerseits eine leichte Uebersicht derselben bezwecken, andererseits sollen die Formeln von 8) bis 10) eine Ergänzung zu § 16 bilden.

A. Für jeden Winkel α ist:

1) $\begin{cases} \sin\alpha = \cos(R-\alpha),\ \cos\alpha = \sin(R-\alpha),\ \operatorname{tg}\alpha = \operatorname{cotg}(R-\alpha), \\ \operatorname{cosec}\alpha = \sec(R-\alpha),\ \sec\alpha = \operatorname{cosec}(R-\alpha),\ \operatorname{cotg}\alpha = \operatorname{tg}(R-\alpha). \end{cases}$

2) $\operatorname{tg}\alpha = \frac{\sin\alpha}{\cos\alpha}$.

3) $\operatorname{tg}\alpha \cdot \operatorname{cotg}\alpha = 1$.

4) $\begin{cases} \sin(45^0 \pm \alpha) = \cos(45^0 \mp \alpha),\ \operatorname{tg}(45^0 \pm \alpha) = \operatorname{cotg}(45^0 \mp \alpha), \\ \sec(45^0 \pm \alpha) = \operatorname{cosec}(45^0 \mp \alpha). \end{cases}$

5) $\sin\alpha^2 + \cos\alpha^2 = 1$.

6) $1 + \operatorname{tg}\alpha^2 = \sec\alpha^2 = \frac{1}{\cos\alpha^2}$.

7) $1 + \operatorname{cotg}\alpha^2 = \operatorname{cosec}\alpha^2 = \frac{1}{\sin\alpha^2}$.

8) $\begin{cases} \sin(1R+\alpha) = +\cos\alpha \\ \cos(1R+\alpha) = -\sin\alpha \\ \operatorname{tg}(1R+\alpha) = -\operatorname{cotg}\alpha \\ \operatorname{cotg}(1R+\alpha) = -\operatorname{tg}\alpha \\ \sec(1R+\alpha) = -\operatorname{cosec}\alpha \\ \operatorname{cosec}(1R+\alpha) = +\sec\alpha. \end{cases}$

9) $\begin{cases} \sin(2R+\alpha) = -\sin\alpha \\ \cos(2R+\alpha) = -\cos\alpha \\ \operatorname{tg}(2R+\alpha) = +\operatorname{tg}\alpha \\ \operatorname{cotg}(2R+\alpha) = +\operatorname{cotg}\alpha \\ \sec(2R+\alpha) = -\sec\alpha \\ \operatorname{cosec}(2R+\alpha) = -\operatorname{cosec}\alpha. \end{cases}$

$$10)\quad \begin{cases} \sin(3R+\alpha) = -\cos\alpha \\ \cos(3R+\alpha) = +\sin\alpha \\ \operatorname{tg}(3R+\alpha) = -\operatorname{cotg}\alpha \\ \operatorname{cotg}(3R+\alpha) = -\operatorname{tg}\alpha \\ \sec(3R+\alpha) = +\operatorname{cosec}\alpha \\ \operatorname{cosec}(3R+\alpha) = -\sec\alpha.\text{[1]} \end{cases}$$

11) $\sin(\alpha \pm \beta) = \sin\alpha \cdot \cos\beta \pm \cos\alpha \cdot \sin\beta.$

12) $\cos(\alpha \pm \beta) = \cos\alpha \cdot \cos\beta \mp \sin\alpha \cdot \sin\beta.$

13) $\operatorname{tg}(\alpha \pm \beta) = \frac{\operatorname{tg}\alpha \pm \operatorname{tg}\beta}{1 \mp \operatorname{tg}\alpha \cdot \operatorname{tg}\beta}.$

14) $\operatorname{cotg}(\alpha \pm \beta) = \frac{\operatorname{cotg}\alpha \cdot \operatorname{cotg}\beta \mp 1}{\operatorname{cotg}\beta \pm \operatorname{cotg}\alpha}.$

15) $\operatorname{tg}(45^0 \pm \alpha) = \frac{1 \pm \operatorname{tg}\alpha}{1 \mp \operatorname{tg}\alpha},$

16) $\operatorname{cotg}(45^0 \pm \alpha) = \frac{\operatorname{cotg}\alpha \mp 1}{\operatorname{cotg}\alpha \pm 1}.$

17) $\sin 2\alpha = 2\sin\alpha \cdot \cos\alpha.$

18) $\cos 2\alpha = \cos\alpha^2 - \sin\alpha^2.$

$$= 1 - 2\sin\alpha^2 = 2\cos\alpha^2 - 1.$$

19) $\sin\frac{1}{2}\alpha = \sqrt{\frac{1}{2}(1-\cos\alpha)} = \frac{1}{2}[\sqrt{1+\sin\alpha} - \sqrt{1-\sin\alpha}].$

20) $\cos\frac{1}{2}\alpha = \sqrt{\frac{1}{2}(1+\cos\alpha)} = \frac{1}{2}[\sqrt{1+\sin\alpha} + \sqrt{1-\sin\alpha}].$

21) $\operatorname{tg} 2\alpha = \frac{2\operatorname{tg}\alpha}{1-\operatorname{tg}\alpha^2}.$

22) $\operatorname{cotg} 2\alpha = \frac{\operatorname{cotg}\alpha^2 - 1}{2\operatorname{cotg}\alpha}.$

23) $\operatorname{tg}\frac{1}{2}\alpha = \sqrt{\frac{1-\cos\alpha}{1+\cos\alpha}} = \frac{1-\cos\alpha}{\sin\alpha} = \frac{\sin\alpha}{1+\cos\alpha}.$

24) $\operatorname{cotg}\frac{1}{2}\alpha = \sqrt{\frac{1+\cos\alpha}{1-\cos\alpha}} = \frac{1+\cos\alpha}{\sin\alpha} = \frac{\sin\alpha}{1-\cos\alpha}.$

---

[1]) Für die Praxis folgt aus den Formeln 8) 9) und 10) diese Regel: Will man die Function eines stumpfen oder überstumpfen Winkels bestimmen, so ziehe man von dem Winkel so oft 90° ab, bis der Rest ein spitzer Winkel ist, nehme alsdann zu dem Reste dieselbe Function, wenn man 2 oder 4 mal, dagegen die Cofunction, wenn man 1 oder 3 mal 90° abgezogen hat, und gebe dem Resultate das Vorzeichen, welches die gesuchte Function in dem Quadranten hat, in welchem der gegebene Winkel liegt.

B. Für je zwei Winkel ist:

25) $\sin x + \sin y = 2 \sin \frac{1}{2}(x+y) \cos \frac{1}{2}(x-y)$.

26) $\sin x - \sin y = 2 \cos \frac{1}{2}(x+y) \sin \frac{1}{2}(x-y)$.

27) $\cos y + \cos x = 2 \cos \frac{1}{2}(x+y) \cos \frac{1}{2}(x-y)$.

28) $\cos y - \cos x = 2 \sin \frac{1}{2}(x+y) \sin \frac{1}{2}(x-y)$.

29) $\frac{\sin x + \sin y}{\sin x - \sin y} = \frac{\operatorname{tg} \frac{1}{2}(x+y)}{\operatorname{tg} \frac{1}{2}(x-y)}$.

30) $\frac{\cos y + \cos x}{\cos y - \cos x} = \operatorname{cotg} \frac{1}{2}(x+y) \operatorname{cotg} \frac{1}{2}(x-y)$.

31) $\frac{\sin(x+y)}{\sin(x-y)} = \frac{\operatorname{tg} x + \operatorname{tg} y}{\operatorname{tg} x - \operatorname{tg} y}$.

32) $\frac{\cos(x+y)}{\cos(x-y)} = \frac{\operatorname{cotg} y - \operatorname{tg} x}{\operatorname{cotg} y + \operatorname{tg} x} = \frac{\operatorname{cotg} x - \operatorname{tg} y}{\operatorname{cotg} x + \operatorname{tg} y}$.

33) $\frac{1 + \operatorname{tg} \alpha}{1 - \operatorname{tg} \alpha} = \frac{\sin(45^0 + \alpha)}{\sin(45^0 - \alpha)} = \frac{\cos(45^0 - \alpha)}{\cos(45^0 + \alpha)}$.

34) $\cos\alpha + \sin\beta = 2 \sin[45^0 - \frac{1}{2}(\alpha - \beta)] \cos[45^0 - \frac{1}{2}(\alpha + \beta)]$
$= 2 \cos[45^0 + \frac{1}{2}(\alpha - \beta)] \sin[45^0 + \frac{1}{2}(\alpha + \beta)]$.

35. $\cos\alpha - \sin\beta = 2 \cos[45^0 - \frac{1}{2}(\alpha - \beta)] \sin[45^0 - \frac{1}{2}(\alpha + \beta)]$
$= 2 \sin[45^0 + \frac{1}{2}(\alpha - \beta)] \cos[45^0 + \frac{1}{2}(\alpha + \beta)]$.

36. $\cos\alpha + \sin\alpha = \sqrt{2} \cdot \cos(45^0 - \alpha) = \sqrt{2} \cdot \sin(45^0 + \alpha)$.

37. $\cos\alpha - \sin\alpha = \sqrt{2} \cdot \sin(45^0 - \alpha) = \sqrt{2} \cdot \cos(45^0 + \alpha)$.

38. $\operatorname{tg} \alpha \pm \operatorname{tg} \beta = \frac{\sin(\alpha \pm \beta)}{\cos\alpha \cdot \cos\beta}$.

39. $\operatorname{cotg} \alpha \pm \operatorname{cotg} \beta = \frac{\sin(\beta \pm \alpha)}{\sin\alpha \cdot \sin\beta}$.

40. $\operatorname{cotg} \alpha + \operatorname{tg} \alpha = \frac{2}{\sin 2\alpha} = 2 \operatorname{cosec} 2\alpha$.

41. $\operatorname{cotg} \alpha - \operatorname{tg} \alpha = 2 \operatorname{cotg} 2\alpha$.

C. Formeln zur Auflösung der Dreiecke:

a) des ebenen Dreiecks:

42) $a : b : c = \sin A : \sin B : \sin C$ (Sinussatz).

43) $a = b \cdot \cos C + c \cdot \cos B$ (Projectionssatz).

44) $a^2 = b^2 + c^2 - 2bc \cdot \cos A$ (Cosinussatz).

45) $\begin{cases} a : b + c = \cos \frac{1}{2}(B+C) : \cos \frac{1}{2}(B-C) \\ a : b - c = \sin \frac{1}{2}(B+C) : \sin \frac{1}{2}(B-C) \end{cases}$ (Mollweide'sche Formeln.)

46) $a+b : a-b = \operatorname{tg}\frac{1}{2}(A+B) : \operatorname{tg}\frac{1}{2}(A-B)$ (Tangentenformel).

47) $\operatorname{tg} A = \frac{a \cdot \sin B}{c - a \cdot \cos B} = \frac{a \cdot \sin C}{b - a \cdot \cos C}$ (Separirte Tangentenformel).

48) $\begin{cases} \cos \frac{1}{2} A = \sqrt{\frac{s(s-a)}{bc}}, \quad \sin \frac{1}{2} A = \sqrt{\frac{(s-b)(s-c)}{bc}} \\ \operatorname{tg} \frac{1}{2} A = \sqrt{\frac{(s-b)(s-c)}{s(s-a)}}, \quad \sin A = \frac{2}{bc}\sqrt{s(s-a)(s-b)(s-c)}. \end{cases}$

49) $\begin{cases} F = \frac{1}{2} bc \cdot \sin A = \frac{\frac{1}{2} c^2 \sin A \cdot \sin B}{\sin (A+B)} = \frac{\frac{1}{2} c^2}{\operatorname{cotg} A + \operatorname{cotg} B} \\ \quad = \sqrt{s(s-a)(s-b)(s-c)}. \end{cases}$

50) $r = \frac{\frac{1}{2} a}{\sin A} = \frac{abc}{4\sqrt{s(s-a)(s-b)(s-c)}} = \frac{abc}{4F}.$

51) $\begin{cases} \varrho = \frac{2F}{a+b+c} \\ \quad = \sqrt{\frac{(s-a)(s-b)(s-c)}{s}} = (s-a) \operatorname{tg} \frac{1}{2} A \end{cases}$

$= (s-b) \operatorname{tg} \frac{1}{2} B = (s-c) \operatorname{tg} \frac{1}{2} C.$

52) $\begin{cases} \varrho_a = s \cdot \operatorname{tg} \frac{1}{2} A = (s-b) \operatorname{cotg} \frac{1}{2} C = (s-c) \operatorname{cotg} \frac{1}{2} B \\ \varrho_b = s \cdot \operatorname{tg} \frac{1}{2} B = (s-c) \operatorname{cotg} \frac{1}{2} A = (s-a) \operatorname{cotg} \frac{1}{2} C \\ \varrho_c = s \cdot \operatorname{tg} \frac{1}{2} C = (s-a) \operatorname{cotg} \frac{1}{2} B = (s-b) \operatorname{cotg} \frac{1}{2} A. \end{cases}$

53) $\varrho = 4r \cdot \sin \frac{1}{2} A \cdot \sin \frac{1}{2} B \cdot \sin \frac{1}{2} C.$

b) des sphärischen, bei *A* rechtwinkligen Dreiecks:

54) $\sin B = \frac{\sin b}{\sin a}, \quad \cos B = \frac{\operatorname{tg} c}{\operatorname{tg} a}, \quad \operatorname{tg} B = \frac{\operatorname{tg} b}{\sin c}.$

55) $\cos a = \cos b \cdot \cos c = \operatorname{cotg} B \cdot \operatorname{cotg} C.$

56) $\cos b = \frac{\cos B}{\sin C}.$

c) des sphärischen, rechtseitigen ($a = 90^0$) Dreiecks:

Die Formeln ergeben sich durch Reciprocirung der Formeln 54) bis 56).

d) des sphärischen, schiefwinkligen Dreiecks:

57) $\sin a : \sin b : \sin c = \sin A : \sin B : \sin C$ (Sinussatz).

58) $\cos a = \cos b \cdot \cos c + \sin b \cdot \sin c \cdot \cos A$ (Cosinussatz).

59) $\cos a = \frac{\cos A + \cos B \cdot \cos C}{\sin B \cdot \sin C}.$

60) $$\begin{cases} \cos \frac{1}{2} A = \sqrt{\frac{\sin s \cdot \sin (s-a)}{\sin b \cdot \sin c}}, \\ \sin \frac{1}{2} A = \sqrt{\frac{\sin (s-b) \sin (s-c)}{\sin b \cdot \sin c}}, \\ \operatorname{tg} \frac{1}{2} A = \sqrt{\frac{\sin (s-b) \sin (s-c)}{\sin s \cdot \sin (s-a)}}, \\ \sin A = \frac{2}{\sin b \cdot \sin c} \sqrt{\sin s \cdot \sin (s-a) \sin (s-b) \sin (s-c)}. \end{cases}$$

61) $$\begin{cases} \cos \frac{1}{2} a = \sqrt{\frac{\cos (S-B) \cos (S-C)}{\sin B \cdot \sin C}}, \\ \sin \frac{1}{2} a = \sqrt{\frac{-\cos S \cdot \cos (S-A)}{\sin B \cdot \sin C}}, \\ \operatorname{tg} \frac{1}{2} a = \sqrt{\frac{-\cos S \cdot \cos (S-A)}{\cos (S-B) \cos (S-C)}}, \\ \sin a = \frac{2\sqrt{-\cos S \cdot \cos (S-A) \cos (S-B) \cos (S-C)}}{\sin B \cdot \sin C}. \end{cases}$$

62) $$\begin{cases} \frac{\sin \frac{1}{2}(A+B)}{\cos \frac{1}{2} C} = \frac{\cos \frac{1}{2}(a-b)}{\cos \frac{1}{2} c}, \quad \frac{\sin \frac{1}{2}(A-B)}{\cos \frac{1}{2} C} = \frac{\sin \frac{1}{2}(a-b)}{\sin \frac{1}{2} c}, \\ \frac{\cos \frac{1}{2}(A+B)}{\sin \frac{1}{2} C} = \frac{\cos \frac{1}{2}(a+b)}{\cos \frac{1}{2} c}, \quad \frac{\cos \frac{1}{2}(A-B)}{\sin \frac{1}{2} C} = \frac{\sin \frac{1}{2}(a+b)}{\sin \frac{1}{2} c} \end{cases}$$

(Gauss'sche Formeln).[1]

63) $$\begin{cases} \operatorname{tg} \frac{1}{2}(A+B) = \frac{\cos \frac{1}{2}(a-b)}{\cos \frac{1}{2}(a+b)} \cdot \operatorname{cotg} \frac{1}{2} C, \\ \operatorname{tg} \frac{1}{2}(A-B) = \frac{\sin \frac{1}{2}(a-b)}{\sin \frac{1}{2}(a+b)} \cdot \operatorname{cotg} \frac{1}{2} C, \\ \operatorname{tg} \frac{1}{2}(a+b) = \frac{\cos \frac{1}{2}(A-B)}{\cos \frac{1}{2}(A+B)} \cdot \operatorname{tg} \frac{1}{2} c, \\ \operatorname{tg} \frac{1}{2}(a-b) = \frac{\sin \frac{1}{2}(A-B)}{\sin \frac{1}{2}(A+B)} \cdot \operatorname{tg} \frac{1}{2} c \end{cases}$$ (Nep. Anal.).

64) $\operatorname{tg} \frac{1}{2} E = \frac{\operatorname{tg} \frac{1}{2} a \cdot \sin \frac{1}{2} b \cdot \sin C}{\cos \frac{1}{2} b + \operatorname{tg} \frac{1}{2} a \cdot \sin \frac{1}{2} b \cdot \cos C}.$

---

[1]) Man behält die für das Gedächtniss sonst schwierigen G. F. leicht, wenn man sich merkt, dass in den beiden Formeln, in welchen die halbe Summe zweier Winkel vorkommt, 3 mal die Function Cosinus steht, in den beiden andern 3 mal die Function Sinus. Eine Berücksichtigung des Wachsthums dieser Functionen ergiebt dann leicht die richtigen Formeln.

$$65)\quad \operatorname{tg} \tfrac{1}{4} E = \sqrt{\operatorname{tg} \tfrac{1}{2} s \cdot \operatorname{tg} \tfrac{1}{2} (s - a) \operatorname{tg} \tfrac{1}{2} (s - b) \operatorname{tg} \tfrac{1}{2} (s - c)}.$$

(**Formel von L'Huillier**).

$$66)\quad \begin{cases} \operatorname{tg} r = \dfrac{\operatorname{tg} \frac{1}{2} a}{\cos (S - A)} = \dfrac{\operatorname{tg} \frac{1}{2} b}{\cos (S - B)} = \dfrac{\operatorname{tg} \frac{1}{2} c}{\cos (S - C)}, \\ \quad = \sqrt{\dfrac{-\cos S}{\cos (S - A) \cos (S - B) \cos (S - C)}}, \\ \quad = \dfrac{2 \sin \frac{1}{2} a \cdot \sin \frac{1}{2} b \cdot \sin \frac{1}{2} c}{\sqrt{\sin s \cdot \sin (s - a) \sin (s - b) \sin (s - c)}}. \end{cases}$$

$$67)\quad \begin{cases} \operatorname{tg} \varrho = \sin (s - a) \cdot \operatorname{tg} \frac{1}{2} A = \sin (s - b) \cdot \operatorname{tg} \frac{1}{2} B \\ \qquad = \sin (s - c) \operatorname{tg} \frac{1}{2} C, \\ \quad = \sqrt{\dfrac{\sin (s - a) \sin (s - b) \sin (s - c)}{\sin s}}, \\ \quad = \dfrac{\sqrt{-\cos S \cdot \cos (S - A) \cos (S - B) \cos (S - C)}}{2 \cos \frac{1}{2} A \cdot \cos \frac{1}{2} B \cdot \cos \frac{1}{2} C}. \end{cases}$$

II. Anhang.

Vorbemerkung. Die in Folgendem ohne Beweise zusammengestellten Formeln mögen als Aufgaben für die Beweisführung dienen.

A. Formeln für einen und specielle Winkel.

1) $\frac{\sin 24^0 + \sin 6^0}{\cos 24^0 + \cos 6^0} = \operatorname{tg} 15^0.$

2) $\frac{\cos 5^0 - \cos 25^0}{\sin 5^0 + \sin 25^0} = \operatorname{tg} 10^0.$

3) $\frac{\sin 40^0 - \sin 6^0}{\cos 40^0 - \cos 6^0} = - \operatorname{cotg} 23^0.$

4) $\frac{\cos 3^0 + \cos 9^0}{\sin 3^0 + \sin 9^0} = \operatorname{cotg} 6^0.$

5) $\operatorname{tg}(45^0 \pm \alpha) = \frac{1 \pm \sin 2\alpha}{\cos 2\alpha}.$

6) $\operatorname{tg}(45^0 + \alpha) + \operatorname{tg}(45^0 - \alpha) = \frac{2}{\cos 2\alpha}.$

7) $\operatorname{tg}(45^0 + \alpha) - \operatorname{tg}(45^0 - \alpha) = 2 \operatorname{tg} 2\alpha.$

8) $\sqrt{\frac{1 + \sin\alpha}{1 - \sin\alpha}} = \operatorname{tg}(45^0 - \frac{1}{2}\alpha).$

9) $\sqrt{\frac{1 + \sin\alpha}{1 + \cos\alpha}} = \frac{1}{2}\sqrt{2}\,(1 + \operatorname{tg}\frac{1}{2}\alpha).$

10) $\operatorname{cotg} 22\frac{1}{2}^0 - \sin 45^0 : \sin 45^0 - \operatorname{tg} 22\frac{1}{2}^0 = \operatorname{cotg} 22\frac{1}{2}^0 : \operatorname{tg} 22\frac{1}{2}^0,$

d. h. $\sin 45^0$ ist das harmonische Mittel zu $\operatorname{cotg} 22\frac{1}{2}^0$ und $\operatorname{tg} 22\frac{1}{2}^0$.

11) $\sin(60^0 \pm \alpha) = \cos(30^0 \mp \alpha) = \frac{1}{2}(\sqrt{3} \cdot \cos\alpha \pm \sin\alpha).$

12) $\cos(60^0 \pm \alpha) = \sin(30^0 \mp \alpha) = \frac{1}{2}(\cos\alpha \mp \sqrt{3} \cdot \sin\alpha).$

B. Formeln für 2 beliebige Winkel.

13) $\sin(\alpha + \beta) \cdot \cos(\alpha + \beta) = \sin\alpha \cdot \cos\alpha + \sin\beta \cdot \cos\beta.$

14) $\operatorname{tg}(\alpha + \beta) + \operatorname{tg}(\alpha - \beta) = \frac{2 \operatorname{tg}\alpha \cdot \sec\beta^2}{1 - \operatorname{tg}\alpha^2 \cdot \operatorname{tg}\beta^2}.$

15) $\operatorname{tg}(\alpha+\beta)-\operatorname{tg}(\alpha-\beta)=\frac{2\operatorname{tg}\beta\cdot\sec\alpha^2}{1-\operatorname{tg}\alpha^2\cdot\operatorname{tg}\beta^2}$.

16) $\frac{\operatorname{tg}\alpha+\operatorname{tg}\beta}{\operatorname{cotg}\alpha+\operatorname{cotg}\beta}=\operatorname{tg}\alpha\cdot\operatorname{tg}\beta$.

17) $\sin\alpha+\sin\beta+\sin(\alpha+\beta)=4\cos\frac{1}{2}\alpha\cdot\cos\frac{1}{2}\beta\cdot\sin\frac{1}{2}(\alpha+\beta)$.

18) $\sin\alpha+\sin\beta+\sin(\alpha-\beta)=4\sin\frac{1}{2}\alpha\cdot\cos\frac{1}{2}\beta\cdot\cos\frac{1}{2}(\alpha-\beta)$.

19) $\sin\alpha+\sin\beta-\sin(\alpha+\beta)=4\sin\frac{1}{2}\alpha\cdot\sin\frac{1}{2}\beta\cdot\sin\frac{1}{2}(\alpha+\beta)$.

20) $\sin\alpha+\sin\beta-\sin(\alpha-\beta)=4\cos\frac{1}{2}\alpha\cdot\sin\frac{1}{2}\beta\cdot\cos\frac{1}{2}(\alpha-\beta)$.

21) $\sin\alpha-\sin\beta+\sin(\alpha+\beta)=4\sin\frac{1}{2}\alpha\cdot\cos\frac{1}{2}\beta\cdot\cos\frac{1}{2}(\alpha+\beta)$.

22) $\sin\alpha-\sin\beta+\sin(\alpha-\beta)=4\cos\frac{1}{2}\alpha\cdot\cos\frac{1}{2}\beta\cdot\sin\frac{1}{2}(\alpha-\beta)$.

23) $\sin\alpha-\sin\beta-\sin(\alpha+\beta)=-4\cos\frac{1}{2}\alpha\cdot\sin\frac{1}{2}\beta\cdot\cos\frac{1}{2}(\alpha+\beta)$.

24) $\sin\alpha-\sin\beta-\sin(\alpha-\beta)=-4\sin\frac{1}{2}\alpha\cdot\sin\frac{1}{2}\beta\cdot\sin\frac{1}{2}(\alpha-\beta)$.

25) $\operatorname{tg}\frac{1}{2}\alpha\cdot\operatorname{tg}\frac{1}{2}\beta=\frac{\sin\alpha+\sin\beta-\sin(\alpha+\beta)}{\sin\alpha+\sin\beta+\sin(\alpha+\beta)}$.

26) $\operatorname{tg}\frac{1}{2}\alpha\cdot\operatorname{cotg}\frac{1}{2}\beta=\frac{\sin\alpha+\sin\beta+\sin(\alpha-\beta)}{\sin\alpha+\sin\beta-\sin(\alpha-\beta)}$.

27) $\sin(\alpha+\beta)^2+\sin(\alpha-\beta)^2=1-\cos2\alpha\cdot\cos2\beta$.

28) $\cos(\alpha+\beta)^2+\cos(\alpha-\beta)^2=1+\cos2\alpha\cdot\cos2\beta$.

29) $\sin(\alpha+\beta)^2-\sin(\alpha-\beta)^2=\sin2\alpha\cdot\sin2\beta$.

30) $\cos(\alpha-\beta)^2-\cos(\alpha+\beta)^2=\sin2\alpha\cdot\sin2\beta$.

C. Formeln für 3 Winkel, deren Summe 180° beträgt.

31) $\sin\alpha+\sin\beta+\sin\gamma=4\cos\frac{1}{2}\alpha\cdot\cos\frac{1}{2}\beta\cdot\cos\frac{1}{2}\gamma$.

32) $\sin\alpha+\sin\beta-\sin\gamma=4\sin\frac{1}{2}\alpha\cdot\sin\frac{1}{2}\beta\cdot\cos\frac{1}{2}\gamma$.

33) $\sin2\alpha+\sin2\beta+\sin2\gamma=4\sin\alpha\cdot\sin\beta\cdot\sin\gamma$.

34) $\sin2\alpha+\sin2\beta-\sin2\gamma=4\cos\alpha\cdot\cos\beta\cdot\sin\gamma$.

35) $\cos\alpha+\cos\beta+\cos\gamma=1+4\sin\frac{1}{2}\alpha\cdot\sin\frac{1}{2}\beta\cdot\sin\frac{1}{2}\gamma$.

36) $\cos\alpha+\cos\beta-\cos\gamma=4\cos\frac{1}{2}\alpha\cdot\cos\frac{1}{2}\beta\cdot\sin\frac{1}{2}\gamma-1$.

37) $\cos2\alpha+\cos2\beta+\cos2\gamma=-(4\cos\alpha\cdot\cos\beta\cdot\cos\gamma+1)$.

38) $\cos2\alpha+\cos2\beta-\cos2\gamma=-(4\sin\alpha\cdot\sin\beta\cdot\cos\gamma-1)$.

39) $\operatorname{tg}\frac{1}{2}\alpha\cdot\operatorname{tg}\frac{1}{2}\beta=\frac{\sin\alpha+\sin\beta-\sin\gamma}{\sin\alpha+\sin\beta+\sin\gamma}$.

40) $\operatorname{tg}\alpha\cdot\operatorname{tg}\beta=\frac{\sin2\alpha+\sin2\beta+\sin2\gamma}{\sin2\alpha+\sin2\beta+\sin2\gamma}$.

41) $\operatorname{tg}\alpha+\operatorname{tg}\beta+\operatorname{tg}\gamma=\operatorname{tg}\alpha\cdot\operatorname{tg}\beta\cdot\operatorname{tg}\gamma$.

42) $\operatorname{cotg}\frac{1}{2}\alpha+\operatorname{cotg}\frac{1}{2}\beta+\operatorname{cotg}\frac{1}{2}\gamma=\operatorname{cotg}\frac{1}{2}\alpha\cdot\operatorname{cotg}\frac{1}{2}\beta\cdot\operatorname{cotg}\frac{1}{2}\gamma$.

43) $\operatorname{cotg}\alpha \cdot \operatorname{cotg}\beta + \operatorname{cotg}\beta \cdot \operatorname{cotg}\gamma + \operatorname{cotg}\gamma \cdot \operatorname{cotg}\alpha = 1.$

44) $\operatorname{tg}\frac{1}{2}\alpha \cdot \operatorname{tg}\frac{1}{2}\beta + \operatorname{tg}\frac{1}{2}\beta \cdot \operatorname{tg}\frac{1}{2}\gamma + \operatorname{tg}\frac{1}{2}\gamma \cdot \operatorname{tg}\frac{1}{2}\alpha = 1.$

45) $\operatorname{tg}\alpha \cdot \operatorname{tg}\beta + \operatorname{tg}\beta \cdot \operatorname{tg}\gamma + \operatorname{tg}\gamma \cdot \operatorname{tg}\alpha = 1 + \sec\alpha \cdot \sec\beta \cdot \sec\gamma.$

46) $\operatorname{cotg}\alpha + \operatorname{cotg}\beta + \operatorname{cotg}\gamma = \operatorname{cotg}\alpha \cdot \operatorname{cotg}\beta \cdot \operatorname{cotg}\gamma + \operatorname{cosec}\alpha \cdot \operatorname{cosec}\beta \cdot \operatorname{cosec}\gamma.$

47) $\sin\alpha^2 + \sin\beta^2 + \sin\gamma^2 = 2\,(1 + \cos\alpha \cdot \cos\beta \cdot \cos\gamma).$

48) $\cos\alpha^2 + \cos\beta^2 + \cos\gamma^2 = 1 - 2\cos\alpha \cdot \cos\beta \cdot \cos\gamma.$

49) $\sin\alpha^2 + \sin\beta^2 - \sin\gamma^2 = 2\sin\alpha \cdot \sin\beta \cdot \sin\gamma.$

50) $\cos\alpha^2 + \cos\beta^2 - \cos\gamma^2 = 1 - 2\sin\alpha \cdot \sin\beta \cdot \cos\gamma.$

51) $\sin\alpha^2 + \sin\beta^2 - \cos\gamma^2 = 1 + 2\cos\alpha \cdot \cos\beta \cdot \cos\gamma.$

52) $\dfrac{\sin 2\alpha + \sin 2\beta + \sin 2\gamma}{\sin\alpha + \sin\beta + \sin\gamma} = 8\sin\frac{1}{2}\alpha \cdot \sin\frac{1}{2}\beta \cdot \sin\frac{1}{2}\gamma.$

53) $\dfrac{\sin\alpha}{\sin\beta} = \dfrac{\operatorname{cotg}\frac{1}{2}\beta + \operatorname{cotg}\frac{1}{2}\gamma}{\operatorname{cotg}\frac{1}{2}\alpha + \operatorname{cotg}\frac{1}{2}\gamma}.$

und es ist damit jedenfalls eine fühlbare Lücke der Litteratur zum Besten der Studierenden ausgefüllt worden. — — Das Werk bietet genug, ja hie und da vielleicht mehr als genug für das erste Studium der genialen Schöpfungen von Legendre, Abel und Jacobi. Die Darstellung muss als sehr deutlich bezeichnet werden u. s. w." [Schlömilch, in der Zeitschrift f. Mathematik, 1862, 1. Heft.]

Durège, Dr. H., ordentlicher Professor am Polytechnikum zu Prag, Elemente der Theorie der Functionen einer complexen veränderlichen Grösse. Mit besonderer Berücksichtigung der Schöpfungen Riemann's. gr. 8. 1864. geh. 1 Thlr. 18 Ngr.

„Ich möchte, nach allen diesen Ueberlegungen, das Werk von Durège allen Anfängern empfehlen, welche sich eine erste Kenntniss der modernen mathematischen Anschauungsweisen erwerben wollen. Ich halte dafür, es sei sehr zweckmässig, dass der Lernende ziemlich bald sich an die Betrachtung der Eigenschaften der Functionen gewöhnt. Das gewöhnliche mathematische, mehr rechnende Verfahren, wird durchaus nicht überflüssig durch diese neuere Betrachtungsweise; es lassen sich aber oftmals doch sehr grosse Rechnungen ersparen; ferner, was sowohl für das Studium, als auch für selbstständige Arbeiten von grösstem Werthe ist, die Möglichkeit gewisser Darstellungen (als z. B. der elliptischen Functionen durch die ϑ) lässt sich sofort übersehen; es wird dadurch leichter, den Faden einer gegebenen Rechnung, welche man nachstudirt, zu behalten, und es kann viel zielloses Rechnen bei selbstständigen Arbeiten vermieden werden. Ich empfehle daher das Werk nochmals einem Jeden, welcher sich mit Riemann'schen Arbeiten vertraut machen will, zum Vorstudium." [G. Roch, in der Zeitschrift f. Mathematik, 1865, 4. Heft.]

Fiedler, Dr. Wilhelm, Professor am Polytechnikum zu Prag, die Elemente der neueren Geometrie und der Algebra der binären Formen. Ein Beitrag zur Einführung in die Algebra der linearen Transformationen. gr. 8. 1862. geh. 1 Thlr. 14 Ngr.

Fort, O., und O. Schlömilch, Professoren an der Königl. polytechnischen Schule in Dresden, Lehrbuch der analytischen Geometrie. Zwei Theile. Mit in den Text gedruckten Holzschnitten. Zweite Auflage. gr. 8. 1863. geh. 2 Thlr. 22½ Ngr.

Einzeln:

I. Theil. **Analytische Geometrie der Ebene**, von O. Fort. 1 Thlr. 7½ Ngr.

II. » **Analytische Geometrie des Raumes** von O. Schlömilch. 1 Thlr. 15 Ngr.

Fuhrmann, Dr. Arwed, Assistent für Mathematik und Vermessungslehre an der Königl. polytechnischen Schule zu Dresden, Aufgaben aus der analytischen Mechanik. Mit einem Vorworte von Prof. Dr. O. Schlömilch. In zwei Theilen. Erster Theil: Aufgaben aus der analytischen Geostatik. Mit in den Text eingedruckten Holzschnitten. gr. 8. 1867. 20 Ngr.

Geiser, Dr. C. F., Docent am Schweizerischen Polytechnikum, Einleitung in die synthetische Geometrie. Ein Leitfaden beim Unterricht an höheren Realschulen und Gymnasien. Mit vielen Holzschnitten im Text. gr. 8. 1869. geh.

Hartig, Dr. Ernst, Professor der mechanischen Technologie an der k. polytechnischen Schule in Dresden, die Dampfkessel-Explosionen. Beiträge zur Beurtheilung der Maassregeln für ihre Verhütung. Mit lithographierten Tafeln. gr. 8. 1867. geh. 20 Ngr.

Henrici, Julius, Professor an der höheren Bürgerschule in Heidelberg, Elementar-Mechanik des Punktes und des starren Systemes. Mit 159 in den Text gedruckten Holzschnitten. gr. 8. 1869. geh. 24 Ngr.

Hesse, Dr. Otto, ord. Professor an der Universität zu Heidelberg, Vorlesungen über analytische Geometrie des Raumes, insbesondere über Oberflächen zweiter Ordnung. Zweite Auflage. gr. 8. 1869. geh.

——— Vorlesungen aus der analytischen Geometrie der geraden Linie, des Punktes und des Kreises in der Ebene. gr. 8. geh. 1 Thlr. 10 Ngr.

Hesse, Dr. Otto, ord. Professor an der Universität zu Heidelberg, vier Vorlesungen aus der analytischen Geometrie. Separatabdruck aus der Zeitschrift für Mathematik und Physik. gr. 8. 1866. geh. 16 Ngr.

Kahl, Dr. E., Lehrer der Physik an der Kriegsschule in Dresden, mathematische Aufgaben aus der Physik nebst Auflösungen. Zum Gebrauche höherer Schulanstalten und zum Selbstunterricht bearbeitet. Mit vielen in den Text gedruckten Holzschnitten. 2 Theile. gr. 8. 1857. geh. 1 Thlr. 14 Ngr.

Einzeln:

I. Theil. Aufgaben. n. 24 Ngr. II. Theil. Auflösungen. n. 20 Ngr.

Kohl, Friedrich, Elemente von Maschinen zunächst als ein Leitfaden für Gewerbschüler. I. u. II. Abth. in einem Bde. Mit 31 lith. Tafeln u. 157 in d. Text gedr. Holzschn. Zweite Ausg. 4. 1858. geh. 1 Thlr. 24 Ngr.

Koenigsberger, Dr. Leo, ord. Prof. an der Universität Greifswald, die Transformation, die Multiplication und die Modulargleichungen der elliptischen Functionen. gr. 8. 1868. geh. 1 Thlr. 10 Ngr.

Kröhnke, H., Civilingenieur und bestallter Landmesser, Handbuch zum Abstecken von Curven auf Eisenbahn- und Wegelinien. Für alle vorkommenden Winkel und Radien aufs Sorgfältigste berechnet und herausgegeben. Sechste durchg. Aufl. Mit einer Figurentafel. 8. 1869. geb. 18 Ngr.

Lindelöf, Dr. L., Professeur de Mathématiques à Helsingfors, leçons de calcul des variations. Redigées en collaboration avec M. L'abbé Moigno. Paris 1861. gr. 8. geh. 1 Thlr. 20 Ngr.

Lommel, Dr. Eugen, Professor der Mathematik an der Königl. Akademie für Land- und Forstwirthe zu Hohenheim, Studien über die Bessel'schen Functionen. gr. 8. 1868. geh. 1 Thlr.

Matthiesen, Dr. Ludwig, Subrector und Lehrer der Mathematik am Gymnasium zu Husum, die algebraischen Methoden der Auflösung der litteralen quadratischen, cubischen und biquadratischen Gleichungen. Nach ihren Principien und ihrem inneren Zusammenhange dargestellt. Erste Serie, enthaltend: Substitutions-Methoden. gr. 8. 1866. geh. 15 Ngr.

Mayer, Dr. Adolph, Beiträge zur Theorie der Maxima und Minima der einfachen Integrale. gr. 8. geh. 20 Ngr.

Mittheilungen der K. Sächs. Polytechnischen Schule zu Dresden. Heft I. A. u. d. T.: Versuche über den Kraftbedarf der Maschinen in der Streichgarnspinnerei und Tuchfabrikation, ausgeführt von Dr. Ernst Hartig, Lehrer der mechan. Technologie an der Kgl. Polytechn. Schule. Unter Mitwirkung der Polytechniker Arndt, Jüngling, Klien und Künzel. [VIII u. 72 S. mit 11 lithographierten Tafeln in 4. u. qu. Folio.] hoch 4. geh. 1 Thlr. 10 Ngr.

——— ——— Heft II. A. u. d. T.: Versuche über den Kraftbedarf der in der Flachs- und Werg-Spinnerei angewendeten Maschinen, ausgeführt von Dr. Ernst Hartig, Professor der mechan. Technologie an der kön. polytechn. Schule zu Dresden, unter Mitwirkung der Polytechniker F. H. Becker, E. E. Freyberg, W. C. Merkel, Heinrich Judenfeind-Hülsse, Herrmann Judenfeind-Hülsse, E. H. Nacke und P. Püschel. Mit 1 Holzschnitt und 13 lithographierten Tafeln. [117 S.] Lex.-8. 1869. geh. 2 Thlr.

Salmon, George, analytische Geometrie des Raumes. Deutsch bearbeitet von Dr. Wilhelm Fiedler, ord. Professor der descriptiven Geometrie am Polytechnikum zu Prag. 2 Theile. gr. 8. 1863. 1865. geh. 5 Thlr. 14 Ngr.

Einzeln:

I. Theil: A. u. d. T.: Die Elemente der analytischen Geometrie des Raumes und die Theorie der Flächen zweiten Grades. Ein Lehrbuch für höhere Unterrichtsanstalten. gr. 8. geh. 1 Thlr. 24 Ngr.

II. Theil: A. u. d. T.: Analytische Geometrie der Curven im Raume und der algebraischen Flächen. gr. 8. geh. n. 3 Thlr. 20 Ngr.

„Die ausgezeichnete Begabung des Verfassers für die Darstellung analytisch-geometrischer Untersuchungen, als auch die Tüchtigkeit des Herrn Uebersetzers sind so anerkannt, dass es unnöthig erscheint, irgend etwas zur Empfehlung des vorliegenden Werkes hinzuzufügen."

[Literar. Centralblatt, 1864, Nr. 38.]

Scheffler, Dr. Hermann, Herzogl. Braunschweig. Baurath, imaginäre Arbeit, eine Wirkung der Centrifugal- und Gyralkraft, mit Anwendungen auf die Theorie des Kreisels, des rollenden Rades, des Polytrops, des rotirenden Geschosses und des Tischrückens. Mit 23 in den Text gedruckten Holzschnitten. gr. 8. 1866. geh. 15 Ngr.

Schell, Dr. Wilhelm, Professor am Polytechnikum zu Carlsruhe, Theorie der Bewegung und der Kräfte. Ein Lehrbuch der theoretischen Mechanik, mit besonderer Rücksicht auf die Bedürfnisse technischer Hochschulen. Mit vielen in den Text gedruckten Holzschnitten. 1.—3. Lieferung. gr. Lex.-8. 1868. 1869. geh. Jede Lieferung à 28 Ngr.

Erscheint in circa 5 Lieferungen von je 12 Druckbogen à 28 Ngr. die Lieferung und wird binnen Jahresfrist vollendet sein.

——— allgemeine Theorie der Curven doppelter Krümmung in rein geometrischer Darstellung. Mit Holzschnitten. gr. 8. 1859. geh. 24 Ngr.

Schlömilch, Dr. Oscar, Königl. Sächs. Hofrath, Professor an der polytechnischen Schule zu Dresden, Uebungsbuch zum Studium der höheren Analysis. Erster Theil: Aufgaben aus der Differentialrechnung. Mit Holzschnitten im Texte. gr. 8. 1868. geh. 1 Thlr. 18 Ngr.

Schmidt, Carl Heinrich, Professor an der polytechnischen Schule in Stuttgart, Lehrbuch der Spinnereimechanik. Mit einem Atlas von 13 lithograph. Tafeln. gr. 8. 1857. (Der Atlas quer-Folio). n. 3 Thlr.

Schneitler, Dr. C. F., Civilingenieur, die Instrumente und Werkzeuge der höheren und niederen Meßkunst, sowie der geometrischen Zeichenkunst, ihre Theorie, Construction, Gebrauch und Prüfung. Mit 236 in den Text gedruckten Holzschnitten. Vierte sehr verbesserte und vermehrte Auflage. gr. 8. 1861. geh. 1 Thlr. 15 Ngr.

——— Lehrbuch der gesammten Meßkunst oder Darstellung der Theorie und Praxis des Feldmessens, Nivellirens und Höhenmessens, der militärischen Aufnahmen ganzer Länder, sowie der geometrischen Zeichenkunst. Zum Selbststudium und Unterrichte bearbeitet. Dritte verbesserte Auflage. Mit 225 Holzschnitten. gr. 8. 1861. geh. 2 Thlr.

Die geodätischen Werke Schneitler's entsprechen so sehr einem praktischen Bedürfnisse, dass ihre Verbreitung in fortwährendem Steigen begriffen ist. Die vorliegende dritte Auflage des „Lehrbuchs der Messkunst", welches mit dem gleichzeitig in vierter Auflage erschienenen Werke: „**die Instrumente und Werkzeuge der Messkunst**" ein Ganzes bildet, ist eine wesentlich verbesserte. Insbesondere ist der ganze Abschnitt „Nivelliren" durch Herrn Regierungsconducteur Stocken in Breslau vollständig neu bearbeitet und damit das Buch gerade in einer Partie erweitert worden, deren genaue Kenntnis in unserer Zeit von besonderer Bedeutung für die grossartigen Landes-Meliorationen (Bruch- und Moorbauten, Drain-Anlagen) ist. Der Preis ist ausserordentlich billig

Steiner's, Jacob, Vorlesungen über synthetische Geometrie. 2 Bände.

I. Band: Die Theorie der Kegelschnitte in elementarer Darstellung. Auf Grund von Universitätsvorträgen und mit Benutzung hinterlassener Manuscripte Jacob Steiner's bearbeitet von Dr. C. F. Geiser, Docent der Mathematik in Zürich. Mit vielen Holzschnitten. gr. 8. 1867. geh. 1 Thlr. 20 Ngr.

II. Band: Die Theorie der Kegelschnitte, gestützt auf projektivische Eigenschaften. Auf Grund von Universitätsvorträgen und mit Benutzung hinterlassener Manuscripte Jacob Steiner's bearbeitet von Dr. Heinrich Schröter, ordentl. Professor a. d. Universität zu Breslau. Mit vielen Holzschnitten. gr. 8. 1867. geh. 4 Thlr.

Sturm, Dr. Rudolf, ord. Lehrer am Gymnasium zu Bromberg, synthetische Untersuchungen über Flächen dritter Ordnung. gr. 8. 1867. geh. n. 2 Thlr. 20 Ngr.

Vorlaender, I. I., Königl. Preuss. Cataster-Inspector und Steuerrath, Ausgleichung des Fehlers polygonometrischer Messungen. gr. Lex.-8. 1858. geh. 15 Ngr.

——— über die Berechnung der Flächen-Inhalte ganz oder überwiegend aus Originalmaassen. gr. Lex.-8. 1858. geh. 20 Ngr.

Weber, M. M. Freih. von, Ingenieur, Königl. Sächs. Eisenbahn-Director etc., die Technik des Eisenbahn-Betriebes in Bezug auf die Sicherheit desselben. gr. 8. 1854. geh. 1 Thlr. 15 Ngr.

Das vorliegende, von der Kritik einstimmig als jedem Techniker und Eisenbahnbeamten *unentbehrlich* bezeichnete Werk behandelt den technischen Eisenbahnbetrieb in Bezug auf die Sicherheit desselben in folgenden Hauptabtheilungen, deren jede wiederum in eine grosse Anzahl von Unterabtheilungen zerfällt, so dass nichts unerörtert bleibt, was nur irgend für den behandelten Gegenstand in Frage kommen kann, nämlich:

I. Wege und Werke. a. Oberbau. b. Unterbau. c. Bahnbewachung. d. die Stationen. **II. Betriebsmittel.** a. Locomotiven. b. Personenwagen. c. Güterwagen. **III. Bewachung. IV. Signale. V. VI. Böswilligkeit, Unregelmässigkeit, atmosphärische Einflüsse &c. VII. Asseeuranzen.** Schlusswort.

——— die rauchfreie Verbrennung der Steinkohle, mit specieller Rücksicht auf C. J. Duméry's Erfindung. Mit 3 lith. Tafeln. gr. 8. 1859. geh. 18 Ngr.

——— die Lebensversicherung der Eisenbahn-Passagiere in Verbindung mit der Unterstützung und Pensionirung der Eisenbahn-Beamten und ihrer Angehörigen. gr. 8. 1855. geh. 12 Ngr.

——— die Gefährdungen des Personals beim Maschinen- und Fahrdienst der Eisenbahnen. Eine Denkschrift. gr. 8. 1862. geh. 12 Ngr.

Dieses Schriftchen ist speciell dem Wohle der Eisenbahn-Beamten und Arbeiter gewidmet. Die auf langjährige Erfahrung gestützten Vorschläge des rühmlichst bekannten Verfassers haben bereits vielseitige Berücksichtigung gefunden.

Weyr, Emil, Assistent der Mathematik am deutschen polytechnischen Institut zu Prag, Theorie der mehrdeutigen geometrischen Elementargebilde und der algebraischen Curven und Flächen als deren Erzeugnisse. Mit 5 Figurentafeln. gr. 8. geh.

Wiener, Dr. Christian, Professor an der Polytechnischen Schule zu Carlsruhe, über Vielecke und Vielflache. [VIII u. 31 S. mit 3 lithographierten Tafeln.] gr. 4. geh. 24 Ngr.

——— stereoskopische Photographien des Modelles einer Fläche dritter Ordnung mit 27 reellen Graden. Mit erläuterndem Texte. [2 photogr. Blätter und 8 S. Text.] qu.-8. 1869. In Couvert 24 Ngr.

Witzschel, Dr. Benjamin, Grundlinien der neueren Geometrie mit besonderer Berücksichtigung der metrischen Verhältnisse an Systemen von Punkten in einer Graden und einer Ebene. Mit in den Text gedruckten Holzschnitten. gr. 8. 1857. geh. 2 Thlr.

Vorliegende Grundlinien der neueren Geometrie sind für den ersten Unterricht in diesem Zweige der Mathematik bestimmt und die ganz elementare Entwickelung des Gegenstandes dürfte in besonderen Fällen die Lehrer der Geometrie veranlassen, einige Partien oder Sätze der neueren Geometrie in den zeither üblichen Unterrichtscursus mit aufzunehmen. — Dass das Buch als eine vorzügliche Bereicherung der mathematischen Literatur angesehen werden muss, hat Herr Prof. Bretschneider in Gotha in einer ausführlichen Beurtheilung in der „Kritischen Zeitschrift für Chemie, Physik und Mathematik“ Heft III, S. 258 ff. nachgewiesen.

Wüllner, Dr. Adolph, Director der Provinzialgewerbeschule zu Aachen, Lehrbuch der Experimentalphysik mit theilweiser Benutzung von Jamin's cours de physique de l'école polytechnique. Zwei Bände in vier Abtheilungen. Mit vielen in den Text gedruckten Holzschnitten und zwei Tafeln in lithographischem Farbendruck. Zweite unveränd. Auflage. gr. 8. 1866. geh. 11 Thlr. 20 Ngr.

Einzeln:

I. Bandes 1. Abth. **Mechanik und Akustik.** 2 Thlr. 16 Ngr.
I. » 2. Abth. **Optik.** 2 Thlr. 12 Ngr.
II. » 1. Abth. **Wärmelehre.** 2 Thlr. 12 Ngr.
II. » 2. Abth. **Die Lehre vom Magnetismus und der Electricität.** 4 Thlr. 10 Ngr.

Die wissenschaftlichen Vorzüge dieses neuen, elegant ausgestatteten Lehrbuchs der Physik sind von der Kritik einstimmig anerkannt worden. Dasselbe hat sich die Aufgabe gestellt, einerseits die physikalischen Lehren in weiteren Kreisen bekannt zu machen, andererseits denjenigen, welche tiefer in das Gebiet des physikalischen Wissens eindringen wollen, als Vorschule zu dienen, es hat aber, ohne den ersten Zweck ausser Acht zu lassen, die zweite wissenschaftliche Aufgabe mehr ins Auge gefasst, als dies von den verbreitetsten Lehrbüchern der Physik bis jetzt geschehen ist.

Die Verlagshandlung freut sich, ein Urtheil des Herrn Professor Jolly in München beifügen zu können, welcher sich folgendermassen über das Buch ausspricht:

„Das Lehrbuch der Physik von Wüllner ist eine sehr gelungene Arbeit, die sich, obschon es unserer Litteratur nicht an guten Lehrbüchern fehlt, dennoch rasch Bahn brechen wird. Im einleitenden Theil der Mechanik schliesst sich Wüllner noch vielfach an das Lehrbuch von Jamin an, sehr bald geht aber der Verfasser zu einer ganz selbstständigen Arbeit über, in welcher das Lehrbuch von Jamin nur soweit benutzt ist, als in demselben die Arbeiten französischer Physiker in grösserer Ausführlichkeit vorgetragen sind. Wüllner's Lehrbuch hat zunächst vor dem französischen Werke schon den Vorzug, dass in grosser Vollständigkeit auch die Arbeiten nicht französischer Forscher Berücksichtigung gefunden haben. Es hat aber zugleich in der Litteratur der Lehrbücher einen entscheidenden Vorzug dadurch, dass jedem Abschnitte und jedem Kapitel in kritischer Auswahl und Beleuchtung die Originalarbeiten, auf welche die Untersuchung sich stützt, speciell angegeben sind. Der in die Wissenschaft neu Eintretende wird hierdurch mit der laufenden Litteratur bekannt, er findet zugleich die Quellen angegeben, zu denen er zurückzugehen hat, wenn er im fortschreitenden Studium der Forschung sich widmen will. Beschränkt sich der Verfasser zunächst auf den Gebrauch der Elementarmathematik, so sind doch zugleich überall die Wege bezeichnet, die zum Verständnis der analytischen Behandlung führen, und die den Anfänger befähigen, sobald er die Sprache der höheren Mathematik sich angeeignet hat, mit Leichtigkeit den betreffenden monographischen Arbeiten zu folgen. Wäre der Ausdruck „eine literarische Erscheinung befriedige ein längst gefühltes Bedürfniss“ nicht allzusehr verbraucht, so würde ich ihn über das Werk von Wüllner mit vollster Ueberzeugung gebrauchen.“

Jolly.

——— Einleitung in die Dioptrik des Auges. Mit 19 Figuren in Holzschnitt. gr. 8. 1866. geh. 24 Ngr.

Zeitschrift für Mathematik und Physik, herausgegeben unter der verantwortlichen Redaction von Dr. O. Schlömilch, Dr. B. Witzschel, Dr. M. Cantor und Dr. E. Kahl. I—XIV. Jahrgang 1856—1869, 6 Hefte jährlich. gr. 8. geh. à Jahrgang 5 Thlr.

I.—III. Jahrgang, herausgegeben von O. Schlömilch und B. Witzschel.
IV. » » » denselben und M. Cantor.
V.—XIII. » » » O. Schlömilch, E. Kahl und M. Cantor.

XII. » Supplementheft 1 Thlr. 10 Ngr.
XIII. » Supplementheft 1 Thlr.

Zetsche, Dr. Karl Ed., die Copirtelegraphen, die Typendrucktelegraphen und die Doppeltelegraphie. Ein Beitrag zur Geschichte der elektrischen Telegraphie. Mit 110 Holzschnitten. gr. 8. 1865. geh. 1 Thlr. 26 Ngr.

Druck von B. G. Teubner in Leipzig.

www.ingramcontent.com/pod-product-compliance
Lightning Source LLC
Chambersburg PA
CBHW021809190326
41518CB00007B/515
9789925000340